HUMAN RESOURCE MANAGEMENT

人力資源管理 第二版

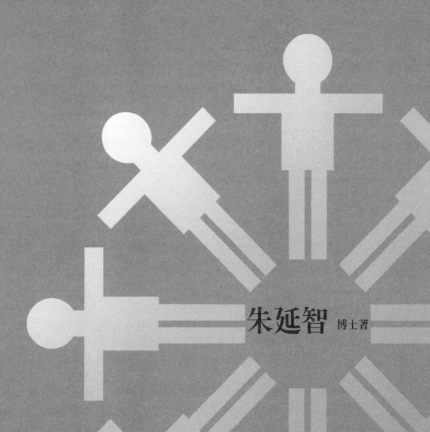

朱延智 博士著

五南圖書出版公司 印行

序

　　台灣四面環海，缺乏充沛的天然資源，人力資源無疑已成為企業經營和國家經濟發展的關鍵。再加上企業經營的大環境，因科技的快速發展、網路經濟的興起、全球政經情勢的轉變，競爭的模式，已由過去天然資源的競爭優勢，轉為以知識密集及新科技知識經濟（Knowledge-Base Economy）為競爭優勢的時代。人力資源的無可替代性，正是被這個新競爭時代所凸顯。

　　以往著重「人事」的色彩，在1970年代逐漸被人力資源所取代，1990年代則邁向「策略性人力資源管理」的新紀元，以更積極的作為，來協助企業創造競爭優勢。所以「人」是影響企業經營績效的關鍵變數，已成為企業經營的主要共識。就是在這樣的前提下，本書特別圍繞著人力資源（Human Resource），針對企業組成的主體，循序漸進的進行有效管理等系統性的議題。這些議題涵蓋策略性人力資源的角色、內外部人力供需、人力資源規劃，以及如何吸引人才、挑選人才、訓練人才、留住人才、薪資福利等理論與實踐的結合。唯有深入這些主題，才有機會在全球化優勝劣敗的激烈競爭中，為企業爭取持久性的競爭優勢。

　　本書是一本人力資源管理的教材，在運用上，為使老師

I

易教、學生易學，所以架構儘量完整，論述儘量簡明扼要、條理清晰，其目的無非在於培養企管系（科）學生，具有相關的人資管理能力，以利未來制定有效的人力資源決策，使同學在學習中，得到專業又實用的指導，以開闊眼界、啟發思路。儘管個人有如此的理想，不過才疏學淺、所學有限，錯誤在所難免，因此懇請學術界的先進，不吝指教，共同開拓人力資源管理這個園地。走筆至此，我要對五南圖書公司副總編輯張毓芬小姐，致上我最高的敬意，若不是她大力的協助，這本書是無法完成的，而且將近13年的時間裡，給我諸多的協助，我想心裡的感動與感激，似乎不太容易用言語表達。同時對於執行編輯家嵐，以及協助本書的宸瑞小姐的細心與努力，也在此表達我的真誠謝意。

2014　筆於　彰化埤頭

目錄

contents

第一章　人力資源管理緒論　001

第一節　人力資源管理意義、假定與注意事項　003

第二節　人力資源管理七大任務　012

第三節　人力資源管理的功能與重要性　016

第四節　人力資源管理的環境分析　022

第五節　知識經濟時代的人力資源管理　025

第六節　人力資源管理的問題與挑戰　033

第七節　人力資源管理的道德　036

第二章　工作設計與分析　041

第一節　工作設計　043

第二節　工作設計的模式　045

第三節　工作分析意義、目的、內容　048

第四節　工作說明書　057

工作說明書表格及範例　062

第五節　工作規範　066

I

第三章　人力資源規劃　069

第一節　人力資源規劃（Human Resource Planning）意義、重心　071

第二節　人力資源規劃方法與應注意事項　074

第三節　人力資源規劃的缺點和正確步驟　078

第四節　人力資源供需預測　085

第五節　人資供需失調的調整方法　090

第四章　組織、領導、激勵　093

第一節　組織結構（Organizational Structure）　095

第二節　領導　097

第三節　激勵　100

第四節　高階人才管理制度　105

第五節　新世代員工的管理　107

第六節　如何管理派遣員工　108

第五章　員工招募與甄選　111

第一節　一般人員的招募管道　116

第二節　招募成效　121

第三節　人才甄選　123

第四節　面　談　128

第六章　員工訓練　　133

第一節　員工訓練意義與功能　135

第二節　員工訓練的種類　139

第三節　企業員工訓練方式　142

第四節　訓練規劃　145

第五節　訓練講師遴選　147

第六節　訓練成效評估　149

第七節　訓練成效評估的四個層次　152

第七章　企業薪酬　　155

第一節　薪資與工作動力　157

第二節　薪酬管理　159

第三節　薪酬制度　162

第四節　企業薪酬制定流程　168

第五節　薪資體系　172

第六節　企業福利　176

第七節　退休金　178

第八節　外派人員薪酬管理　180

第八章　績效管理　　　　　　　　　　183

第一節　績效管理　185

第二節　績效評估　194

第三節　績效評估核心議題　199

第四節　平衡計分卡與 360 度績效評估制度　208

第九章　職涯管理　　　　　　　　　　213

第一節　職場變遷趨勢　215

第二節　個人職涯規劃　217

第三節　組織職涯管理　222

第四節　職涯發展　225

第五節　職涯轉換（Career Transition）盲點　227

第十章　勞資關係　　　　　　　　　　231

第一節　工　會　233

第二節　勞資衝突解決方式　237

第三節　勞資會議　242

第四節　就業歧視與職場性騷擾　247

第十一章　勞工安全管理 251

第一節　雇主對於勞工安全的責任　253

第二節　安全衛生管理機制　256

第三節　童工與女性勞工的保護　259

第四節　職業災害補償　261

第十二章　人力資源危機管理 267

第一節　企業十大人力資源危機　270

第二節　企業人力危機解決方案　280

人力資源管理緒論

「酢醬草理論」（Shamrock Organization）：未來的組織，將由三種部分的人力所組成，就像酢醬草的三片葉子，第一片葉子代表專業核心（Profession Core），是由專業人員、技術人員和管理人員，所組成的核心人力；第二片葉子代表契約人員（Contractor）可以包括外包與委外人員；第三片葉子代表臨時性聘僱人員（Contingent Workforce）。

二戰期間，美國空軍降落傘的合格率爲 99.9%，這就意味著從機率上來說，每一千個跳傘的士兵中，會有一個因爲降落傘不合格而喪命。於是軍方要求廠家，必須讓合格率達到 100% 才行。但企業的負責人則說，他們竭盡全力了，99.9% 已是極限，除非出現奇蹟。於是軍方就改變了檢查制度，每次交貨時，從降落傘中，隨機挑出幾個，讓企業負責人親自跳傘，來檢測到底合不合格。從此，奇蹟出現了，降落傘的合格率，竟達到了100%。由此個案可知，制度改變，結果就改變。爲什麼制度能變？關鍵在於人，能充分發揮智慧！

第一節　人力資源管理意義、假定與注意事項

　　企業的組成，「人」實為其主體，而企業人力資源的表現，必然嚴重影響企業的經營績效。因此，如何有效地管理和運用人力資源，已成為企業經營成敗的關鍵。英國管理大師查爾斯・韓第（Charles Handy）曾在《組織寓言》這本書中，提出「酢醬草理論」（Shamrock Organization），他認為未來的組織，將由三種部分的人力所組成，就像酢醬草的三片葉子，第一片葉子代表專業核心（Profession Core），是由專業人員、技術人員和管理人員，所組成的核心人力；第二片葉子代表契約人員（Contractor）可以包括外包與委外人員；第三片葉子代表臨時性聘僱人員（Contingent Workforce）。如何使這些人的前程規劃，與企業全體目標配合起來，使組織與個人利益充分結合，這是現代人力資源管理必須思考的要點。

　　就靜態觀點而論，組織乃是二個人以上，所形成的合作體系；就動態角度而言，組織為運用資源、創造價值與分配價值的過程。無論是靜態與動態的角度，「人」均是組織中，無可替代的資產。哪一個組織或企業，能完善而有效的管理人力資源，就能有效整合資源，擬定戰略。早期由於靜態的農業與工業社會，故多從人事管理（Personnel Management）或人力管理（Manpower Management）的角度出發，較著重薪資福利、招募任用等相關工作的規劃與執行。這個時期的人事管理，大多由企業主的親信擔任，強調信任度與忠誠度，相對的專業性較低，因而較類似於特助的角色。

　　隨著知識經濟時代的來臨，僱傭型態從以往的「勞力供給」（Labour

Supply Model）典範，轉變為「知識供給」（Knowledge Supply Model）典
範，也由於這個轉變，使得人力資源管理的重心，轉向智慧資本的管理之
上，再加上勞動人口老化（造成產能降低）、基層人力短缺、勞資爭議、
企業減肥再造等人力投資概念的興起，人力資源已逐漸擺脫「人事」的色
彩。同時，也開始領悟人力資源管理者，並非維持現狀就好，而是必須以
更積極的作為，瞭解趨勢以及組織未來的發展，為配合企業使命、遠景
（Vision）、目標（Mission, Objectives, Goals）等目標的達成，人力資源管
理人員須參與規劃公司的成長，並協助將事業計畫轉為人力資源（發展）
規劃，明確地訂定培育或招募人力素質（質與量）的目標、時程表等，也
就是說，人力資源單位的「定位」和「存在價值」，已經由傳統的支援、
服務性質，逐漸轉換成協助企業，達成執行戰略和財務目標的夥伴角色。

　　人力資源管理（Human Resource Management）一詞，首先起源於英
國勞務管理（Labor Management），第二次大戰之後，美國也開始使用
人事管理（Personnel Management）。以往「人力資源管理」一詞，常
與「人事行政」（Personnel Administration）、「人事管理」（Personnel
Management）、「工業關係」（Industrial Relations）、「勞資關係」
（Labor Relations）、「僱傭關係」（Employment Relations）、「人力管
理」（Manpower Management）、「勞務管理」（Labor Management）
等相互混用，其中以「人事管理」最為嚴重！以下針對人力資源管理
（Human Resource Management）等名詞的意義、假定、發展歷程等說明
如下。

一、人力資源管理（Human Resource Management）的意義

　　企業的資金、廠房、設備、技術乃至資訊等資源，要能充分發揮其功
能，必須借重組織成員的才智、能力與工作熱忱，才可能有成，故「人」

實為組織最重要的資產。人力係泛指參與經濟活動的人口，人力資源大致可分為「內在」與「外在」，「廣義」與「狹義」等兩大區隔。「內在」的人力資源，係指企業內部的人力規劃及運用；「外在」的人力資源，係指企業之外，社會上的人力開發、吸引及運用等。廣義上的人力資源，是指智力正常人的總和；狹義上的人力資源，指的是兼具智力和體力，且能為組織創造物質以及財富總和的人。

管理功能（程序）內涵涉及五大部分，這五大區塊分別是：

（一）規劃：制定組織的目標，以及達成組織目標手段的過程；

（二）組織：資源的分配與運用、組織調整與控制，以及策略擬定；

（三）用人：甄選、任用對組織具潛能人員的整體過程；

（四）引導：透過文化、制度與獎懲，使員工行為導向組織既定目標；

（五）控制：確保達成組織既定目標的機能。

綜合上述人力資源及管理的意義，吾人可以瞭解「人力資源管理」，基本上就是組織中「人」的管理，更具體的說，就是：一個組織對人力資源的獲取、維護、激勵、運用與發展的全部管理過程與活動。由此可知，它並非僅是「人事管理」的事務性及功能性等行政工作，人力資源管理乃是透過計畫、執行、考核等管理程序，發揮「適時、適地、適質、適量、適才、適所」的供應人力，以滿足其他部門的人力需求，達到支援組織各項作業，強化組織核心競爭優勢，最終完成組織目標的程序。人力資源管理的整體過程中，一方面應能極大化員工在實質報酬及精神上的激勵；另一方面則是使企業獲得最大利益。

二、人力資源管理發展歷程

企業人力資源管理的發展，已經歷工業革命時期、科學管理時期、行為科學時期、系統理論時期，以及權變理論時期。這五個時期可以歸納成三個階段的特色。以下針對這三階段的重點與特色，加以說明。

（一）第一階段：人事管理

人事管理的主要內容是，進行人事檔案的日常管理，員工在企業的存在，不被看作資源，而是以簡單的人事檔案形式體現。

（二）第二階段：單向人力資源管理

在這個階段中，企業雖然意識到人力，也是一種資源，但並不認為是重要的戰略性資源。人力資源部門往往處於一種被動狀態，僅根據上級的要求，進行人員招募及管理，並參與企業策略規劃的實施。

（三）第三階段：策略人力資源管理

有鑑於企業策略目標的實現，愈來愈依賴其快速應變能力和團隊合作精神，因而人成為競爭力的關鍵。人力資源部門以前是企業戰略的被動接受者，現在則成為企業策略的制定者和實踐者。企業開始制定人力資源策略，並實施戰略人力資源管理，即一方面企業為實現其目標，而制定具體的人力資源行動，同時還將人力資源管理與企業戰略目標聯繫起來，以改進員工績效與組織績效。人力資源部門將關注的重點，轉移到企業文化建設、員工職業生涯規劃、薪酬體系與激勵制度及人力資源開發等方面的工作上。

上述三個階段是人力資源管理，所歷經五個時期演進的結果。這五個時期各有非常重要的時代背景與特色。

（一）工業革命時期

在二十世紀初，甚至更早之前，全球的勞動環境相當惡劣，受僱階級在不安全、不舒適、甚至受虐的工作環境下，領著極低的薪資，為地主賣命（特別是非法移民的工作者）。此時期人力資源管理的概念是，1.視人為「經濟人」，也就是可以被剝削與壓榨的對象；2.以金錢作為激勵員工的唯一手段；3.「人力資源管理」純屬「僱傭管理」的性質，其主要功能為招募和僱用勞工，幾乎完全忽視人的需求；4.建立工資制度（按件計酬制）。

（二）科學管理時期

1912 年美國古典管理學家，也是科學管理的創始人泰勒（Frederick W. Taylor），運用作業研究與人因工程，把工廠工人當作機械看待，找出最有效率的工作模式，並用紅蘿蔔與棍子理論，發展出員工最佳的生產力。此時期人力資源管理的主要觀念是，1.勞動方法標準化，並以科學方法衡量工作成果；2.有計劃的訓練員工人，同時根據勞動者的專長，指派工作；3.明確區分管理職能與作業職能；4.確立直線權威的觀念。

（三）行為科學時期

霍桑實驗研究（Hawthorne Studies）結果的出爐，發現員工心理需求，比起物理性的工作條件，更能提高生產力。此時期的人力資源管理的重點是，1.將「行為科學」（Behavioral、Science）引進人力資源管理；1.強調人的重要性；3.組織中的非正式組織，一樣能影響員工的行為；4.強調領導的重要性，特別是領導的藝術。

（四）系統理論時期

系統理論是從企業生存與營運的角度，強調員工是企業存亡的關鍵。

這個時期的人力資本學派主張，擁有技能、經驗與知識的員工，對組織而言，就是具有經濟價值的員工，所具備的技能與知識，能夠增進生產力，是企業在市場環境中，一種不可或缺的重要資本。此時期人力資源管理的主要特色是，1.人力資源被視為，組織系統的一項重要投入（Input），故會影響組織系統的其他部分；2.強調人力的素質，重視人力的發展與組織發展；3.將電腦應用於人事管理上，因而產生人事管理資訊系統；4.「人力資源管理」概念逐漸取代「人事管理」概念，重視人際關係的協調，以及發揮人的最大潛能。

（五）權變理論時期

在 1980 年代末期到 1990 年代初期，多數企業面臨更嚴峻的挑戰。傳統的行政專家，與員工支持者的角色，顯然已無法滿足需求，取而代之的是，重新聚焦與定位後，全新的角色「人力資源策略夥伴」。此時期的人力資源管理人員，通常須扮演八種角色，1.諮詢者；2.服務者；3.調解者；4.積極變革者；5.稽核者；6.問題解決者；7.專家與通才；8.組織的策略夥伴。

權變理論時期人力資源管理的精神是，1.強調策略性的人力資源管理（Strategic HRM）；2.重視工作人員的工作生活品質（Quality of Work Life, QWL）；3.強調工作人員的生涯發展（Career Development）；4.強調工作人員之生產力的提升。

三、人力資源管理重心

一個完整的人力資源管理系統，基本上應包含五個項目，大致可以分為人員招募、任用、薪資福利、教育訓練及人員資訊管理等。

（一）招募（Recruitment）與任用制度

員工招募主要涉及如何設計有效的員工招募方案、招募程序等議題；任用則是包含工作設計制度的建立、開發求才方法、導入選才方法、制定求才與選才程序、制定新進員工導入程序、規劃離職管理程序及留才計畫的擬定。

（二）發展員工制度

它涵蓋績效評核制度、員工前程路徑、員工升遷制度、接班人制度之建立，以及各項訓練專案、員工訓練制度、年度訓練計畫及前程管理體系之擬定。

（三）薪資制度

該制度包含工作評價、薪資政策、薪資架構、薪資發放、功績調薪、年度調薪、獎金、分紅、入股、加班及駐外員工薪資等。

（四）福利制度

福利高低是吸引人才的重要關鍵，此制度包含團體保險、退休金、離職金、員工服務、職工福利委員會、員工協助方案、尾牙舉辦方法、高階主管特別福利、駐外員工福利、自助餐式福利及撫卹辦法。

（五）員工關係規範

規範是集眾「力」為一「力」的關鍵，它包含工作規則、內部溝通制度、勞資會議、團體協約、員工滿意度調查制度、員工申訴制度、員工提案制度、安全衛生委員會、員工手冊及考勤制度等。

四、人力資源管理的「假定」

人力資源管理重要基本假定是，人會從事有意義工作的意願與傾向。

所以管理者的重要使命，在於設計一套原理原則與方法，全力開發員工的潛力，並擴大員工參與的機會，以滿足員工的需求，並同時達成組織的目標。由此「假定」可知人力資源管理，要達到理想的目標，對於企業的業務及營運，應該能夠從宏觀的角度分析及處理個別問題，掌握變革中的角色及職責，例如：市場推廣及銷售情況、業務上競爭對手、分析公司的財政情況及內部組織架構。同時對於人力資源管理的實務，像招募及提升恰當的人才，為員工設計配合組織改革的培訓課程、制定清晰的工作表現標準，及設計薪酬系統，為確保員工從管理得到清晰明確的資訊，以協助組織改革的推行等，建立合理健全的制度。

五、人力資源管理職責

為符合策略人力資源管理的精神，人力資源管理職責，主要有四方面：

（一）建立制度

避免人事作業與各部門相衝突，應做好溝通協調的工作，使人力資源的需求與供給，有簡單、易懂的程序，方便大家參與人事作業。

（二）彈性組織

儘量將各單位的組織，扁平化、職位虛級化，一方面使主管能擴大管轄幅度，增加工作效率；另一方面則縮減行政人員，減化財務、薪資作業及各部門文書作業流程，並將工作重新分配，甚至評估工作外包的可行性。

（三）薪資合理

職位評價，讓薪資合理化。直接使薪資公開化，想要高薪，就得憑本事來拿。

（四）與各部門充分溝通

各部門人員的錄用、績效、升遷及獎懲，都應由各部門主管處理，人事單位僅能站在協助的角色，並且彙整以供最高主管裁示。各部門主管應接受訓練或輔導，以確保合法合理地運用人事管理權，並對其負責。

六、人力資源部門應具的專業職能

十倍速時代的來臨，說明無法趕上時代進步速度的組織，被淘汰的可能性將大為提高，因此人力資源部門應具十項專業職能，才能為組織奠定永續生存的基礎。這十項專業職能，依序為：

（一）協助公司執行變革的能力；

（二）組織發展與組織效能的規劃與評估；

（三）人力資源專業的知識與技巧；

（四）企業經營知識；

（五）溝通技巧；

（六）策略性思考；

（七）領導能力；

（八）談判技巧與衝突管理；

（九）合作與團隊精神；

（十）全球人力資源功能的整合與規劃。

組織的每個部門，有每個部門不同的專業要求，在現代的人力資源部門，最好應具有上述之專業，才能為企業的發展，提供最佳之戰鬥力。

第二節　人力資源管理七大任務

　　人力資源管理有三大目標，一是求人與事的適切配合，使事得其人，人盡其用；二是人與人的協調合作，以發揮團隊力量，達成企業目標；三是人盡其力，對企業盡最大效用。要達成這三大目標，人力資源管理則有七大任務要完成。這七大任務是設定人力資源策略與目標、規劃人力資源作業流程、取得人力資源、發展人力資源、薪酬與回饋、維護人力資源及掌握人力資源變動的趨勢等。

一、設定人力資源策略與目標

　　建構人力資源的策略與目標，是人力資源管理的大事。要達此任務，首在對人力資源的環境分析。人資部門必須對環境掃瞄（Environmental Scanning），以及掌握組織內部優劣勢（Internal Strengths and Weaknesses）的重要資訊，所以人資部門的主管，在組織制定與執行其經營或管理的策略時，是不可或缺的！

（一）經營環境分析

　　企業在特定的環境下運作，這些外在環境對整個企業的運作，有直接的影響。由於這些不確定的外在因素，企業勢必要在人力資源管理上，做一些有效的安排與策略規劃，以適應當前經營環境的要求。

（二）企業內環境檢視

　　企業內環境會影響企業的表現，因此檢視企業內環境極為重要。內環境基本上涵蓋企業文化、企業制度等重要層面，這些層面都與人力資源管理策略和作業，有直接密切的關聯。

二、規劃人力資源作業流程

規劃人力資源是企業把人力資源管理策略，具體化的必經階段。人力資源規劃以企業整體、前瞻性和量化的角度，分析和訂定企業人力資源管理的具體指標。資源作業的流程，首在分析員工能力和工作，以達「人盡其才」的目標。其次，則是建立績效指標與制度，因為績效評估在升遷、培訓、報酬及獎懲等作業上，提供了正確的根據。最後，則是獎勵與懲處，它屬於績效指標與制度的運用，當企業決定了評核的內容和方法，並蒐集了各方面的評估資料後，企業便要考慮如何使用這些資料，給員工不同的報酬，這樣員工對工作滿意度才會持久。

三、取得人力資源

企業的人力資源的保障，涵蓋人員的流入預測、流出預測、人員的內部流動預測、社會人力資源供給狀況分析、人員流動的損益分析等。人力資源的取得，是透過招募甄選。招募甄選的過程，是為組織挑選優秀的員工，也篩選不合適的員工；而錯誤的甄選決策，可能淘汰了適合的人選，這樣的結果，除了損失一個有潛力的人才，更可能會流到競爭者手中；或是錄用了不適當的人，而造成組織額外的成本，甚至影響組織後續的經營與發展。如何透過招募甄選制度，取得優秀且適合組織的人才，使組織各種制度能順利推行並發揮其效用，使其在商業環境競爭下，保持永續生存的競爭力，這是人力資源部門的重要職責。

在取得人力資源方面，應注意到招募、甄選方式及甄選重心等三方面。招募是指吸引合格的候選人（有能力又有興趣），前來應徵組織所提供職缺的過程。至於甄選的方式，是指提供甄選的標準與架構，並分析甄選決策的決定過程。甄選常用的方式，譬如，推薦（Reference）、面試（Interview）、申請表（Application）及健康檢查（Physical Examination）

等。甄選的重心,在於選擇決定採用哪些特定預測,以便認定應徵者所具有的資格條件,是否真的足以擔任此工作。

四、發展人力資源(Human Resource Development, HRD)

人力的獲得與發展,必須考慮到個人能力和組織需求的配合,因此如何培養組織內人的工作能力,使其符合其個人和組織目標,這是發展人力資源的要點。其中要特別注意人力流動的議題,也就是當職位出缺,包括升遷、調職等,及外在流動,如資遣、解僱、開除、退休等。企業若不往外甄選,則是就現有員工予以調派,因此如何調派、應考慮事項等,都應納入關切。

其次,重要議題則是訓練和發展,這是用來增進員工的知識、技術和能力,使員工的能力得到充分的發揮,並給予每位員工實現其潛能、發展成功事業的機會。員工的訓練,較偏重短期的技術傳授或知識灌輸,而員工的發展,則以個人潛力的培養發揮,與價值觀的改變為主。

五、薪酬與回饋

前 GE 總裁傑克‧威爾許提到企業管理者主要的工作:「不斷人才發掘、培訓、評核回饋,才是突破企業經營瓶頸的主要工作……」,公司的薪酬政策,對吸引內部和外部的人力資源,都有重要的決定性意義。

薪資的回饋,主要包含固定薪資、變動薪資、費用津貼及福利等四大部分。固定薪資是指本薪或底薪,變動薪資是指銷售佣金、紅利或利潤分配等,費用津貼包含出差旅費、油費、餐費及應酬交際費等,福利包含撫卹、退休金、離職金、員工服務、員工協助、舉辦尾牙、團體保險、優惠貸款、俱樂部會員卡、國內外休閒旅遊、高階主管特別福利、駐外員工福利及自助餐式福利等。

六、維護人力資源

如何留住優秀人才，並避免劣幣逐良幣，是組織必須思考的議題，尤其是制度面，應儘量讓人才感到「如魚得水」，尤應注意：

（一）工時設計

為提高企業生產力和競爭力，以及滿足員工在企業更多參與的要求，工作設計與工作時間的安排，都是在人力資源維護上。

（二）職業安全

企業在爭取最大利潤之餘，也要保護員工，以免員工因突然而來的工作意外或日積月累的職業疾病，而受到損害。

（三）勞資關係

想要長期維護人力資源，就要避免雙方可能的衝突。勞資之間的關係，主要是確定雇主，與受僱員工相互間，有明確的權利與義務。

七、掌握人力資源變動的趨勢

經營環境唯一不變的，就是變！科技發展、人口結構變化、企業競爭國際化、管理理論的演進，都是變遷背後的動力。目前企業全球化所面臨的挑戰，其犖犖大者，包括經營彈性化、組織變革常態化、企業組織體或溝通系統的繁複化、管理法令、勞動法令的多樣化及多變性、人力資源管理的科學化、員工任用的多國籍化、僱用契約的多樣化、員工外派的多樣化、外包工作的普遍化、人才的招募與留任等等衍生的問題。因此，人力資源部門如何掌握變動的趨勢，促進人力資源的發揮，協助企業的發展，實為當務之急！

第三節　人力資源管理的功能與重要性

　　企業經營的目標，在於獲得利潤，並確保永續經營。今日總體的經營競爭模式，已由過去擁有天然資源的競爭優勢，轉為以腦力密集為主、大量對知識開發的投資、快速知識的擴散、高知能的就業人力。根據發展的歷史，發現人力資源對 GNP 的貢獻，已逐漸高於其他資源。許多有關「國家競爭力」的研究也指出，高素質的人力資源，是國家經濟發展的後盾。相同的道理，「人才」也是企業經營成敗的命脈，未來誰能擁有人才，並適切的管理，誰就擁有市場競爭的優勢。所以老祖宗透過「企」這個字來說明，企是「人」＋「止」兩字的合併，沒有人才，企業發展就要停止！本節主要強調人力資源管理所扮演的功能，及其重要性等兩大部分。

一、人資管理者的角色

　　稱職的人力資源部門，應該在競爭激烈的時代，扮演四種角色。

（一）協助組織發展

　　在制定企業策略時，能提供其意見、資源給相關部門，並協助高階主管將事業計畫，轉為人力資源發展規劃。

（二）推動企業變革

　　美國西爾斯百貨（Sears, Roebuck & Co.）藉由整合人力資源目標與企業策略，成功地跨越 90 年代初期，虧損數 10 億美元的慘澹時期。因此，加強對員工企業文化的教育，並審時度勢積極協助企業推動必要變革，發展或重塑企業優質文化，是企業不可忽視的重要任務。

（三）人資管理專業者

能即時供應部門所需員工的質與量，以增強組織市場成功的機率，這是人資管理者的本分。

（四）照顧員工利益

準確即時地將員工利益上轉給企業的決策者，並制定相關的措施，讓企業內部的溝通與決策透明化。

二、人力資源管理功能

人力資源管理所展現的直接功能，涵蓋直線、協調與幕僚等三大功能。直線功能是指人力資源經理，指揮人力資源管理部門所有屬員，執行所交付的任務；協調功能是指人力資源管理部門，對其他部門扮演建議、協助性的協調角色；幕僚功能是指向直線主管，提供人力資源管理方面的建議及協調等方面的服務。以上這三種功能，展現在四種實務上。

（一）參與策略制定

在面對今日變化如此快速的外在環境，以及競爭極為激烈的全球市場，維持企業競爭優勢（Competitive Advantage），乃是任何組織或企業，求生存、圖發展的重要策略，而此正是人力資源競爭優勢，主要的來源之一。

（二）建構優質工作環境

企業根本上是由人組成的，因此要靠人去實現組織的遠大目標。所以人力資源的管理與效益極大化，就成為企業努力的目標。在人力資源制度上，提供一個良好的工作環境，乃是任何組織的基本任務。不過有效創造良好的工作環境，實有賴制度的建構與配合，這些制度涵蓋：

1. 建立和諧的勞資關係；

2. 確立合理的薪資制度，與適當的福利措施；

3. 建立公平有效的考績制度；

4. 實施公平的升遷與獎懲制度；

5. 提供適時、有效的訓練與發展機會；

6. 提供必要的協助與輔導；

7. 暢通組織上下左右的溝通管道。

（三）提供建議與諮詢

人力資源管理部門在組織中，通常居於較超然而中立的地位，因此，凡是與人力資源有關的問題，均可透過組織所賦予的職權（功能職權 Functional Authority），為各級主管提供適切的建議或改進意見，以供人事決策時的參考。

（四）履行監督與制衡

人資部雖是人力資源管理措施的主要承辦單位，但是，實際負責執行這些措施的，卻是組織中的各級主管。因此，人資部必須針對人力資源管理政策，有效與適當的執行、從事稽核的工作。例如，確認人事預算的有效執行、考選過程的完整遵循。此外，人資部尚須維持各部門間，處理人力資源管理問題的公平性，如升遷、考績、加薪，甚至獎勵方面的決定，常有偏袒自己部屬的情事，此時，人資部即須站在公平的立場，做一些必要的制衡與調整。

人力資源領域的專家，也多提出人力資源管理的功能，著名學者如下：

1.Dessler 博士所著之《人力資源管理》，特別提及「人力資源管理」所包含的主要功能領域，可劃分為「人力資源規劃」（Human Resource Planning）、「工作分析」（Job Analysis）、「招募遴選」（Recruitment & Selection）、「員工教育訓練」（Employee Training and Education）、「生涯規劃及發展」（Career Planning and Development）、「績效評估」（Performance Appraisal）、「薪資管理」（Compensation Management）、「員工福利」（Employee Benefit）、「獎勵」（Pay for Performance）、「工會與勞資關係」（Union and Labor Relations）及「勞工安全與衛生」（Employee Safety and Health）等。

2.黃英忠、曹國雄、黃同圳、張火燦、王秉鈞著之《人力資源管理》一書所提及，人力資源管理之功能包括：人力資源規劃、任用、績效評估、薪酬、人力資源發展及勞資關係等。

3.吳秉恩教授所著《分享式人力資源管理》中，將人力資源管理活動分五大類，包括「選」（如人力資源規劃、招募、遴選等）、「用」（如任用、紀律管理等）、「育」（如員工教育訓練、員工生涯發展等）、「考」（如績效評估、晉升調職等）及「留」（如薪資管理、員工福利與獎勵、勞資關係）。

三、人力資源管理的重要性

人力資源部門對於企業績效，最為關鍵的兩個環節，一是制定和實現企業策略所需的人力資源，二是人力資源管理與企業績效的相互作用。從「企」業的字義而論，企業的「企」，若少了「人」，就會變成停止的「止」。現實上，公司的成長及發展命運是掌握在全體員工的手上。然而有不少企業的人力資源，並沒有真正的有效支撐、推動組織發展與業務提升，甚至真的處於停滯狀態。這樣既不能彰顯人力資源管理的重要性，更

無法執行既有的功能！

在現今慘烈的全球競爭環境下，誰勝誰負？誰存誰亡？人力資源扮演無可替代的角色。人力資源管理對於企業發展、競爭優勢、轉型需要及防止弊端等四大領域，都有致命的重要性。

（一）企業發展

在跨越時空，進入新紀元之際，企業如何因應外在變遷，以維持其競爭優勢，並確保永續經營，有效掌握並運用人力資源發展的新趨勢則為當務之急。因為人的良窳，決定公司的能否持續發展，而人力資源部門是決定人力品質的關鍵部門。尤其在全球化過程中，企業併購（M & A-Merger & Acquisition）的案例時常發生，人力資源管理慢慢已經是整個併購能否成功的關鍵角色。這也就證明人力資源管理，可以勝任為組織文化建立，與變革的火車頭或帶領者。

（二）競爭優勢

對企業而言，誰能掌握住人力資源極大化原則，誰就可以在競爭劇烈的市場上，具有競爭的優勢。企業在激烈的競爭環境中，如何運用人才來提升企業的創新研發與服務品質，及強化企業的競爭優勢，是產業致勝的重要關鍵，因此企業人力資源的管理是勝出的關鍵。人力資源管理在當今充滿挑戰的經營環境中，已轉化為一個關乎經營業績，和股東回報的關鍵戰略性因素，是企業增加附加價值的決策者。

（三）轉型需要

「人」是組織的核心，在經濟的發展上，不論是屬於制度層面的改變、生涯環境的變化，抑或是技術上的革新，所驅使一切的動力，皆源自於「人」，唯有擁有充裕的優異人力資源，方能使組織轉型、快速應變。

不管組織要導入任何的轉變，決定成敗與否的重大關鍵，還是在於人力資本是否會被改變，所以人力資源單位應該是整個組織變革管理的火車頭，它可透過制度與措施，來增強與提升整個組織的人力資本。

目前經濟成長與產業的發展，影響人力需求變異甚劇，尤其當新舊產業交替之際，最容易產生人力短缺，或是人力斷層之現象。因此，人力資源管理不僅要根據，企業轉型或升級策略，來進行選才與任用，甚至要運作與發展現有的人力資本，成為企業轉型策略的前導。以台灣為例，企業從過去勞力密集產業最大的出口值，已被資本密集與技術密集的產業所取代。過去曾以勞力創造競爭優勢的產業，如紡織、鞋、雨傘、主機板、光碟機、數據機、顯示器、磁碟片、電路板、個人電腦等，大都移轉到工資廉價的國家去，所以轉型需要甚為殷切。故此，人力資源管理的專業工作者，非僅訓練發展人員而已，更需要進一步成為企業人（Business People），來瞭解企業多方面功能，如產品、生產、行銷、企業使命、文化等，才能做出符合轉型需要的人資管理。

（四）防止弊端

EICC（Electronic Industry Code of Conduct 電子行業行為規範）、SER（Social & Environmental Responsibility 社會與環境責任）、SA8000（社會責任標準）、OHSAS 18001（職業健康安全管理體系）等規範，都是要求企業承擔社會責任與遵循法律規範，這些規範是否落實，都與人力資源部門的規範習習相關。為避免組織發生用錯人、高離職、低績效、資源，以及時間的浪費、可能的違法、不正義與不公平的勞資問題，使員工覺得工作無發展等問題，這都有賴人力資源管理。

第四節　人力資源管理的環境分析

以下各個人力資源環境，不是分割、分立，只是為了說明方便，將它分開來說明。事實上，各人力資源環境是相互聯繫，相互滲透，彼此是環環相扣，密不可分。

一、政治環境

政治環境主要關切的是，（一）政府的角色（參與者、執法者）；（二）政治環境的穩定性；（三）政策持續性；（四）行政效率；（五）廉潔度。譬如，在「看見台灣」紀錄片中，就可以知道國土受到很大創傷，這是兩大黨的無能與不作為。在 2013 年黑心油的事件中，造成普遍食的不安，以及房價被炒到高不可攀的地步，卻幾乎感覺不到政府，拿出什麼既有效，又有魄力的作為。更嚴重的是，政府領導人似乎沒有什麼方向感，除了加緊投靠大陸之外，好像也沒有能讓老百姓，感覺台灣會越來越好。再加上，政黨之間的惡鬥，更使得很多人對未來感到悲觀。

二、經濟環境

經濟環境主要關切的是，（一）經濟發展階段：譬如，傳統經濟、進口替代、出口導向、新興工業化經濟階段；（二）經濟成長率、國民所得；（三）儲蓄傾向；（四）消費型態明顯變化：譬如，交通、育樂、健康、教育的百分比上升；（四）人口集中、增加率遞減；（五）景氣循環影響國家社會的供需能力與消費型態。

以「經濟痛苦指數」來說明，現在的經濟環境，對於人力資源管理的衝擊。「經濟痛苦指數」是失業率加上通貨膨脹率，根據主計總處2013年

10 月的資料顯示，近 22 萬 4 千人失業，其中 20 歲到 24 歲失業率，高達 13.71%，約 10 萬 6 千人失業，居所有年齡層之冠。目前我國的失業率，是亞洲四小龍最高的國家。失業到多嚴重呢？因為失業而輕生的新聞，已經不斷出現！至於通貨膨脹率，關係到民生用品的價格，因政府油電雙漲，促使價格持續上漲，甚至新聞指出，一隻土雞腿價格 180 元之高。那就不要談房價的問題，因為年輕人不吃不喝幾十年，也很難在台北買到房子。

此外，還有兩個趨勢不能漏掉的，一是貧富差距，二是薪資大倒退。台灣貧富差距持續惡化，根據財政部財政資訊中心 2011 年綜所稅申報統計，貧富差距飆升至 96.56 倍，持續創下歷史新高。

從經濟環境得知，年輕人謀職不易！相對的，薪資就大倒退，根據統計薪資幾乎退回 16 年前水準。據一項人力銀行「新鮮人就業追蹤調查」報告顯示，企業主願意給社會新鮮人第1份工作的平均起薪，只有 2 萬 4,991 元。這對於人力資源的管理，會帶來不同層面的衝擊。

三、社會環境

經濟環境主要關切的是，（一）人口結構；（二）社會觀念變遷；（三）社會福利；（四）環保意識；（四）消費者運動等。

社會環境目前最特別的兩項，一是少子化，二是高齡化問題。以高齡化問題來說，根據內政部資料，民國 89 年時，我國 65 歲以上，人口約 192 萬人，占總人口的 8.62%。截至民國 98 年 8 月底止，已經大幅成長為 243.5 萬人，占總人口達 10.55%，也就是每 10 人中，就有 1 位是老人。

至於生育率，我國在全世界已是敬陪末座。以國內持續下滑的結婚率、生育率研判，台灣未來每年出生人口，還會進一步下降。再加上少子

化以及同性戀趨勢升高，這些都更加造成台灣的危機。影響所及，非僅當前民間消費不振而已，更將壓縮未來台灣長期的經濟成長動能，真的不容輕忽！尤其台灣未來將出現「食之者眾、生之者寡」的「低扶養比」，並將嚴重危及退休基金，及老人年金的給付，現在不積極面對老年問題，將來會很慘。

此外，新世代的興起，目前這批 20 幾歲的年輕人，成長於父母胼手胝足，所打造的豐衣足食年代，在長輩長期的呵護下，新世代不會為了求生存，而委曲求全，寧可忠於自己的選擇勇往直前，凸顯出新舊世代的想法，已大相逕庭。這批年輕人，有人認為他們自我中心過重、抗壓性低；有些人覺得他們，特別有創意和行動力。但是不管喜不喜歡，短短幾年內，這些新世代將會占全球員工人數的接近半數。

四、法律環境

法律是正義最後一道防線，但在我國法官獨立審判的情形下，又有審級的救濟，應該可以避免錯判。但實際上，類似或同一司法案件，在不同法官手中，往往有南轅北轍的判決。因為司法人員對於案情的認定，經常受到外界壓力，或個人認知所左右。譬如，王金平遭撤銷黨籍，是透過民事訴訟以假處分得保黨籍；但 2002 年邱彰遭民進黨開除黨籍，並喪失不分區立委資格，邱彰提起同樣訴訟，法院卻以事屬「政黨內部事務」，而駁回不予受理。如此重大的案件，都可能出現天差地別的結果。那麼一般企業的法律案件，是不是會有更大的不同呢？譬如，「競業條款（Business Strife Limitation Clause of Labor Contract）」或稱「敬業條款」的官司判決，可能甲法官是這樣判決，但到了乙法官又是另外不同的判決，因此會讓人質疑，法律真的可以保護到企業嗎？還是法律環境，成為企業難以承擔的營運風險呢？

五、老闆普遍缺德

人力資源部門能不能發揮功能，與企業領導人有極密切的關係。如果老闆缺德，人力資源部門又能如何？而 2013 年所發生的食安問題，證明老闆普遍缺德！從義美食品使用 9,000 公斤，過期的原料；乖乖竄改過期食品的生產日期；山水米標示台灣米，裡面卻無一粒台灣米；胖達人標示不實；福懋油、大統長基公司及味全，都有黑心油的事件。民進黨立委吳秉叡指出，大統以每公升新台幣 100 多元賣給頂新，頂新再用 265 元賣給味全，賺取暴利，等於自己的公司再以更高價賣給上市公司，不僅對味全小股東不利，甚至涉及掏空、利益輸送。

不是只有食品廠的老闆缺德，全球封測大廠日月光楠梓 K7 廠，在 2013 年 10 月 1 日 K7 廠區製程鹽酸桶槽，偷排重金屬的廢水。在紀錄片「看見台灣」中，拍到高雄後勁溪，被工廠廢水，染成一片血紅，元兇就是上市公司日月光。日月光卻延遲到 2013 年 12 月 9 日，才發布聲明表示，K7 廠所排放的廢水，是因製程鹽酸桶發生異常，溢漏排入廢水處理設施。公司為何不在第一時間說明？為何拖了一個月，等到開罰、見報才說明，這就清楚指出公司負責人，是什麼樣的道德與良心！

以上所述的，幾乎都是向消費者有承諾的品牌。如果連品牌老闆都缺德，很難想像一般企業的情形。上層缺德，如何要求人力資源部門守德？還是配合著一起缺德，譬如設計出各種制度，來壓榨勞工！

第五節　知識經濟時代的人力資源管理

企業的發展，取決於人力資源的運用，而在邁向高科技、高效能及高度資訊化產業的發展中，「人」更是企業經營成敗的命脈。在全球化

的激烈競爭時代，企業所面臨變化（Change）、競爭（Competion）、多元化（Complexity）、挑戰（Challenge）的「4C」時代，這與經營環境較為單純、穩定的農業、工業時代有所差別。傳統的人資管理，著重核發薪資、計算休假天數等，但現在總體經營環境趨於複雜、動態、不確定，產業結構變遷、企業併購等風潮興起，因此新時代的人力資源管理，主要是為獲取企業的成功，積極參與企業經營策略的擬定，而非注重對人員問題的急救處理；配合企業的轉型，積極掌握組織人力資源狀況，根據企業策略擬定人力資源規劃；考慮新世代的工作價值，與資訊科技的發展，重新或改變工作設計，以增加工作的自主性、創造性、挑戰性與成就感，規劃創新與更具彈性人力資源管理制度。

　　時代與經營環境的不同，也就凸顯出傳統的人事管理，與現代的戰略性人力資源管理的強烈差異性。傳統的人事管理，主要是指為完成組織任務，對組織中，涉及人與事的關係，進行專門化的管理。這樣的管理，是不是符合企業發展所需？是不是符合企業最大利益？今日有許多企業已轉向策略性人力資源管理，它是指組織為達到戰略目標，系統地對人力資源各種部署和活動，進行計畫和管理的模式。

　　策略性人力資源管理（Strategic Human Resource Management）與傳統的人事管理，有八種重大區別。

一、人與事的差別

　　策略人力資源管理以「人」為核心，視人為「資本」，強調一種動態的、心理的調節和開發，屬「服務中心」，管理出發點是「著眼於人」，目的在使企業取得最大的經濟效益。傳統人事管理以「事」為中心，將人視為一種成本，把人當作一種「工具」。強調「事」的單一方面的靜態控制和管理，屬「權力中心」，其管理的形式和目的，乃是在「控制人」。

二、地位與重要性不同

策略性人力資源管理是指組織，在從事策略制定與執行時，將人資部視為一個策略夥伴（Strategic Partner）。這表示企業人力資源管理，已融入於組織的經營策略，而整體的組織經營策略，要配合環境的變化做調整。由於策略性的人力資源管理，將自己納入企業的核心部門，並成為企業經營戰略的重要組成部分，故能促進企業長期發展，來實現對經營策略的貢獻。其過程涵蓋了組織的建構、文化與系統等各個方面的建設，以保證企業戰略的執行、實現，以及企業長期穩定地成長。傳統的人事管理，屬企業的輔助部門，對企業經營業績沒有直接貢獻，主要的工作是負責員工的考勤、檔案及契約管理等事務性工作。

三、總體與即時的特質不同

策略人力資源管理可以靈活地，按照政府人事規定、制度，結合企業的實際情況，制定符合企業需求的各種人力資源政策，從而建立起系統人力資源管理體系，確保企業實現經營戰略目標。傳統人事管理則主要是制度的執行，即按照國家勞動人事政策，和上級主管部門發布的人事管理規定、制度對員工進行管理，人事部門基本上沒有制度的制定和調整權；最多只能「頭痛醫頭、腳痛醫腳」，難以根據實際情況，對管理政策和制度進行即時調整。

內容 型態	因應對象	人力資源管理重心
目標論	企業目標	配合企業目標運作
環境論	外在環境	因應外在環境調整
結構論	企業結構	依組織發展結構來調整

四、主動性差異

策略人力資源管理要求人力資源管理者，以企業策略的高度，主動分析和診斷人力資源現狀，為決策者準確並即時地提供各種有價值的人力資源相關數據，協助決策者制定具體的人力資源行動計畫，支持企業戰略目標執行和實現。反之，傳統人事管理則只能站在部門的角度，考慮人事事務等相關工作的規範性，充其量只能傳達決策者所制定的戰略目標等信息。

五、部門參與性不同

策略人力資源管理著重企業全員參與人力資源管理。人力資源工作要想切實有效，沒有各部門的配合，是不可能實現的。對決策層而言，所有的管理，最終都會落實到人，只有管理好「人」的資源，才能抓住管理的精髓；對人力資源工作者，只有企業全員參與人力資源工作，才能真正體現自己的價值，進而上升到策略夥伴。對各部門經理而論，參與到企業人力資源的工作，不僅能確保部門任務的順利完成，而且可以使部門員工及自己，得到調動與晉升的機會與空間。對員工而言，可以根據部門的目標，結合自己的發展計畫，科學、合理地安排自己的工作與學習，實現自己的理想職業生涯規劃。傳統人事管理基本上是單兵作戰，似乎與其他部門的關係不大。除了因為薪資的計算與發放，與財務部門關係比較緊密，其餘則少來往。

六、對待員工不同

策略人力資源管理價值的體現，是透過提升員工能力和組織績效來實現的，而提升員工能力與組織績效，要結合企業策略與人力資源策略。所以人力資源管理著重優秀企業文化塑造，制定個性化的員工職業生涯規劃

等，特別關注對企業人力資源的深入開發。傳統人事管理價值的體現，主要是在規範性及嚴格性，即是否將各項事務打理得井井有條、是否看得住和控制得住企業員工等，絕大部分工作還只停留在事物的表層。

七、管理工具差異

策略人力資源管理側重變革管理，並採前瞻態度，借助先進、科學的現代化管理工具，非常重視現代化的手段，以及各種人力資源相關數據，故屬預警式管理模式。傳統人事管理側重於規範管理和事務管理，屬事後管理。幾乎所有工作都由手工完成，即便採用現代化的管理工具，也僅供人事部門單獨使用的簡單人事管理系統，並未建構全面系統性的人力資源管理體系。

八、具體功能落實差異

策略人力資源管理與傳統人事管理，落實在具體功能方面，也存在著重大不同。

（一）人力資源規劃

戰略人力資源管理是根據企業發展戰略及經營計畫、評估組織的人力資源現狀、掌握和分析大量人力資源相關資訊的基礎上，科學、合理地制定人力資源規劃。傳統的人事管理，乃在確保企業有足夠員工運作、員工經常到勤、員工流失率低，以及較短期的員工工作滿足等。這些人事工作，根本談不上人力資源規劃。

（二）招聘與選拔

策略人力資源管理在面試評估時，除關注應聘者與職位的適當性外，更會關注應聘人的價值觀念，是否符合企業的核心價值觀、應聘人的發展期望，公司是否可以提供等因素，確保招聘的人選，能否長期為企業服

務。在傳統人事管理的方面，大致僅關心應聘者的條件，是否符合職務所需，或者只起到用人部門負責人與應聘者之間溝通、橋樑的作用而已。

（三）培訓與開發

策略人力資源管理會根據企業戰略發展需要，結合員工的個人發展計畫，提供系統完善的人力資源培訓開發體系，確保為企業源源不斷輸送所需各種類型人才的同時，實現企業快速發展與員工職業生涯發展之雙贏。傳統人事管理則只負責新員工，接受進入企業後的組織紀律、安全等方面的培訓，很少會辦理員工其他方面的培訓；限於部門侷限性等原因，如此也不可能建立起全面的人力資源培訓與開發體系。

（四）績效管理

策略人力資源管理會根據企業策略需要，結合員工能力，制定全面的績效管理體系，關注企業全面的績效管理，包括績效計畫、績效考核、績效評估、績效反饋，與績效激勵等全面的過程；更加關注績效反饋與激勵，確保員工績效不斷提高的同時，從而實現企業績效的螺旋式上升。傳統人事管理只關注績效考核與懲罰，大多扮演企業監督者的角色，難以形成科學的績效管理體系。

（五）薪酬管理

策略人力資源管理會根據國家政策、經濟環境、人才市場狀況、產業，及其他企業薪酬狀況等因素，再結合本企業的實際情況，制定切實可行的薪酬管理策略與體系，以確保吸引及留住優秀人才。傳統人事的薪酬管理，絕大部分工作是由財務部門負責，這就容易與企業發展策略相脫節。

全球產業環境與企業經營型態的大變遷，人力資源管理的工作，也由

傳統人事行政作業的消極角色，轉變為人力資源開發的戰略性角色。以往
傳統的人事管理，所注重薪資發放、出缺勤管理、人事考核、基本人事資
料管理等，都是有所不足的。在跨越時空進入多元的世代，如何協助組織
變革、結合組織營運策略建立企業文化，進而創造競爭優勢，是新世紀多
元世代人力資源發展的重要面向。

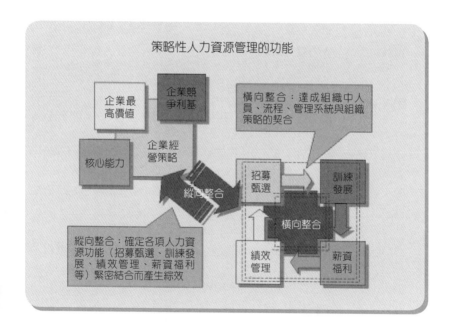

項　　別	人力資源管理	傳統人事管理
基本理念	人力為可提升的關鍵資產	人力為變動成本
最終目的	1.促進組織整體戰力。 2.增進員工福利、提升人力價值。	1.增加個別功能與活動效率。 2.降低短期人力費用。
注意焦點	重視整體效能的發揮，認為人力是達成企業戰略目標的重要資源。	強調控制個人的行為、影響個人的態度，以達成最終生產力的提升。
扮演角色	人力資源策略的擬定由直線主管進行，人力資源扮演輔助性的角色。	直線部門受到忽略，人力資源管理的相關活動任由人力資源部門主導。
思考架構	策略是整合的、一致的、情境基礎的，人力資源目標要適應環境的變化。	人力資源管理是企業內部的一個獨立活動，與外界相隔離。
運作架構	整合環境策略及情境因素	強調人事功能變數，不關心其他因素。
層次角色	高階地位、負責策略性規劃，參與決策。	低階地位、負責日常事務性工作，幕僚配合。
利益導向	員工與股東互利共榮	個人利益優先
問題處理	預應式解決人力資源整理問題、重視員工諮商。	因應式處理個別人事問題，注重抱怨統計。
協調態度	建立共信，促進權利均衡。	運用談判爭取權利優勢
資訊流通	上行參與之員工導向，開放溝通管道。	下行控制之任務導向，傾向黑箱作業。
員工發展	擴張發展空間，多元發展。	員工受限較多，單元發展。
活動範圍	重視策略性人力發展活動	傾向作業性人事事務活動

資料來源：Dyer, L., & Holder, G., "A Strategic Perspective of Human Resource Management," in L. Dyer (ed), *Human Resource Management: Evolving Roles and Responsibilities*, Washington, DC: Bureau of National Affairs, 1988, pp.1-46.

第六節　人力資源管理的問題與挑戰

全球激烈的競爭，使得愈來愈多企業逐漸失去競爭力，再加上文化的衝擊、有限的資源，和成本的壓力，使得新經濟時代的企業環境，更凸顯「適者生存，不適者淘汰」的法則。

面對環境變遷，競爭環境愈來愈嚴峻，計畫常趕不上變化，是企業經常面臨的營運衝擊。尤其是隨著政府立法的趨勢，與產業結構的改變、科技的腳步、勞工意識、人力資源結構的轉型、社會價值觀的改變，以及全球化的競爭趨勢，使得企業面臨更加複雜的環境，這些都是引發人力資源管理的問題來源。當今人力資源管理部門對內外環境，必須考慮得更為周詳、反應更快，並配合嚴謹的人力與成本控制，未雨綢繆以及快速因應等，才能化企業的危機為轉機。

人力資源管理的挑戰，不是來自單一方面，根據歸納，主要來自以下七大方面：

一、經營結構變遷

企業經營結構是會變化的，結構變遷包含國家總體經濟的轉型、人力資源市場供需失衡、新興高科技產業相互挖角、社會價值異化，以及員工與工會權益意識高漲。目前台灣經營結構正被失業與不景氣陰霾籠罩，許多產業在力求人事精簡，以節省支出的原則下，人員縮編、精簡、外包都是常見的做法。在此種變動下，人力資源部門如果沒有妥善處理，常易引發勞資糾紛（不勝任員工處理、資遣、關廠、合併），進而影響企業的運作，甚至是波及公司聲譽。對於部分產業，如節能產業、生技醫療產業，卻又感受理想人力不足，甚至短兵相接的人才爭奪戰。

人力資源管理

二、政府法規改變

政府的規定與法律不斷的改變，這自然會帶給人力資源管理沉重的負擔。譬如，台商為有效管理中國大陸勞工，做好中國大陸勞工的人力資源管理，除了必須建立企業管理制度，和人員培育訓練制度之外，瞭解與遵循中國大陸的各項勞動法規，則是極為重要的工作。

三、營運全球化

從區域走向全球人力布局與發展，尤其在跨國之間的人才運作，一直都是這幾年人力資源所面對的嚴苛挑戰。早年很多企業大都是運用中央統一制度來運作，但是因為忽略經營地點差異化，造成許多制度在不同國家執行之後，面臨窒礙難行與衝突，尤其像種族、語言、文化、價值觀、宗教信仰，都快速衝擊與挑戰總公司的制度與做法。有愈來愈多的公司進行全球化後，這樣的問題，就成為普遍性的人資議題。這主要是因為：

（一）地主國技術能力不足且缺乏合適的管理人員；

（二）培養公司幹部國際化經營的經驗；

（三）便利於子公司的控制；

（四）便利於與母公司溝通；

（五）保守產業機密。

四、溝通與協調

往往公司的一些人力資源政策與規章，都十分的完備，但忽略了人力資源的行銷工作，所以未能主動去瞭解他們想要什麼，來滿足這些部門與組織的工作需求。

五、既有陷阱

在人力資源領域常見的陷阱有兩個，一是「黃金牢籠」（Golden Cage），二是彼得症狀（Peter Syndrome），或稱為彼得原理。前者是指員工固守自己原本的專業，當其被調往其他部門時，所學專長難以發揮。這種現象是人資部門未能預防人員晉升後，無法勝任其工作，所進行相關培養第二、第三專長與水平輪調而產生的。後者指的是在一個層級分明的組織中，在原有職位上，工作表現良好的人，會被升遷到更高一級的職位，直至達到他所不能勝任的職位。一旦被升遷的員工，本身的學習成長太慢、或是不能適應管理工作，就會無法勝任新任的職位，結果將對組織產生嚴重的傷害。

六、時間分配

企業應妥善將組織內的人力資源，做最完善的規劃與運用。但常見的是，人資部門將日常作業的 80% 時間與人力，花費在處理重要性僅 20% 的重複性行政工作上。然而，至關重要的策略規劃、人力發展、創新變革、知識管理、績效發展……等重要人力資源管理任務，卻常常分配不到 20% 的時間。如何結合電子流程（Workflow），以節省人資部門更多的時間與精力，使得主要精神得以投入策略性人資管理的工作。

七、其他

基層人力供應不足、勞動人口老化、薪資制度欠公平、員工離職率太高、欠缺敬業精神、上班無心、工作技能及績效不高、鬧派系鬥爭或糾紛、勞資關係不佳等。

可能影響到人力效益的發揮，以及人力質與量的供需因素很多，譬如，組織內外環境變化、整體勞動力市場結構、個人臨時性情緒、家庭甚

至生活周遭因素。未來的人力資源管理，必將更為困難與複雜，如何在健全的人資管理制度之下，掌握員工需求，結合企業經營目標，並掌握產業趨勢所帶來人力需求的變動，才能為組織帶來最大的人力價值。

第七節　人力資源管理的道德

現在的人力資源管理，幾乎甚少談到，人力資源管理應恪遵的道德規範。其實，愛心與道德，是一種企業無形資產，是品牌形象，更是「道德資本」。人力資源管理者的主要工作，就是處理人的事務，因此如何透過制度，如何透過月會的獎懲，將道德灌輸於企業文化中，是應該承擔的責任。

人力資源管理者的道德，會影響整個企業的走向，因此，一定要講道德！當企業內部倫理不彰，道德規範不明時，員工常常找不到企業，存在的意義和榮譽感，同時組織成員很容易認定，「我們企業是缺德的」。對於一個講求倫理、重道德的員工，此種認定對其自我概念，將是很大的衝擊！所以對企業無法認同，是可以預見之事，而離開組織亦屬必然。但是，對於一些道德標準原本就較低的員工，企業此種低道德的表現，反而是符合其原本的自我概念，因而對企業，並不會有不認同的情形發生。長此以往的結果，就是組織在人力資源方面，產生反淘汰的現象，道德標準高的員工，無法認同而離去，道德標準低的，則樂在其中！可想而知，此種結果最終必對組織，產生莫大的傷害。

基本上，人力資源管理的道德，大致應該有下列七大類：

一、人力資源決策道德

決策是領導的靈魂，也是領導過程中，最核心的成分。因為企業的盛衰，都在於領導人的決策。很多時候老闆決定了，但如果這件事情明知道是錯的，身為人力資源部門的主管，卻因為自己沒有道德勇氣提醒老闆，這是他個人失職。要對得起自己的良心，聽不聽那是老闆的問題，如何下決心，那是老闆的決策，但提出具良心的人資建議，則是人資分內的責任。不過在溝通時，當然可以有一些溝通的技巧，讓老闆更能接受具道德的人力資源建議。

二、建立組織制度道德

企業道德需要架構在，正式規章制度和規範下，這樣組織成員才比較能依循規範，達成組織對道德的要求。當企業內部倫理不彰，道德規範不明時，員工常常找不到企業，存在的意義和榮譽感，同時組織成員很容易認定，「我們企業是缺德的」。對於一個講求倫理、重道德的員工，此種認定對其自我概念，將是很大的衝擊！所以對企業無法認同，是可以預見之事，而離開組織亦屬必然。但是，對於一些道德標準原本就較低的員工，企業此種低道德的表現，反而是符合其原本的自我概念，因而對企業，並不會有不認同的情形發生。長此以往的結果，就是組織在人力資源方面，產生反淘汰的現象，道德標準高的員工，無法認同而離去，道德標準低的，則樂在其中！可想而知，組織在外的形象，是多麼的惡劣，這對於後續招募優秀的員工，必然產生障礙。此種結果終必對組織，產生莫大的傷害。所以人力資源必須要做的事，就是建立組織的良心！

三、招募道德

法律是道德的最低標準，在招募道德上，所應恪遵的根據是，民國

101年11月28日公布的就業服務法（第5條）的規定，雇主招募或僱用員工，不得有下列情事：「

（一）為不實之廣告或揭示。

（二）違反求職人或員工之意思，留置其國民身分證、工作憑證或其他證明文件，或要求提供非屬就業所需之隱私資料。

（三）扣留求職人或員工財物或收取保證金。

（四）指派求職人或員工從事違背公共秩序或善良風俗之工作。

（五）辦理聘僱外國人之申請許可、招募、引進或管理事項，提供不實資料或健康檢查檢體。」

此外，也不可以有就業歧視，根據就業服務法（第5條）規定：「為保障國民就業機會平等，雇主對求職人或所僱用員工，不得以種族、階級、語言、思想、宗教、黨派、籍貫、出生地、性別、性傾向、年齡、婚姻、容貌、五官、身心障礙或以往工會會員身分為由，予以歧視。」

四、工作環境道德

偶發的意外事件、不安全的工作環境、不安全的工作機具與設備、不安全的工作行為，都可能釀成各種職業死亡與受傷（Job-Related Deaths and Injuries）。其結果不僅使員工傷亡，更是組織在經濟上的虧損，家庭的悲劇。不良的工作環境，是直接造成職業災害，員工生命與財產損失的關鍵。為避免組織與家庭的悲劇，資方應提供安全的工作環境和工具設備，以及相關要求勞工遵守的安全手冊，使勞方遵守工作紀律和流程，這是工作環境的道德。

五、職務要求的道德

由於工作機會越來越少，大家都會很珍惜得來不易的工作。但資方不應藉此而有，剝削員工血汗的要求，造成員工過勞。所謂的「過勞」，是指工作負荷過重，超過體能所能負荷的範圍，而損及員工的健康。

六、建立職業道德（Professional Ethics）

狹義的職業道德，是指某些工作職位的人員，而對於該項職務有特別的要求，以符合消費者的利益。廣義的職業道德，則是指在職場上的每一個工作者，都有自己在個人崗位，必須遵守的標準與規範。如果人資部門能將目前職業道德，表現在公司的管理制度規章中，使企業員工在職場中，知道哪些行為會被獎勵、哪些欠缺職業道德的行為會被處罰。如此則能導引員工的職業道德，自覺的遵守規定，同時也能降低職場內的衝突與委屈。

日劇半澤直樹說：「整我的人，我將百倍奉還」金句，這是職場飽受委屈的發洩。根據1111人力銀行的調查，高達7成8的受訪者，認為職場鬥爭是必然的。但當遇到職場鬥爭時，4成3正面迎擊，但僅3成鬥「贏」；5成7的上班族，仍是選擇隱忍或退縮。所以建立職場道德，不只對消費者有利，對於職場的衝突，也會有降低的作用。

七、裁員與資遣的道德

近年來勞力密集產業，陸續移往工資較便宜的印尼、越南等地，致使國內企業關廠、歇業的情況增加，也間接使得失業率大幅提升。許多企業在惡性倒閉後，負責人避不見面，暗地裡把資產移轉到海外，再起爐灶。而在原公司服務多年的員工，應領的薪資、退休金和遣散費，都沒有著落，因此引發激烈的抗爭行動，甚至還出現平交道臥軌的恐怖事件。這

些都是涉及到，裁員與資遣的道德。在法律上，這些都是有所規範的。
譬如，關於資遣（裁員）的法規：（一）〈勞動基準法〉第16條（雇主終
止勞動契約之預告期間）。（二）〈勞動基準法〉第17條（資遣費之計
算）。

工作設計與
分析

隨著全球化與國際化，經濟體系互賴程度
的升高，造成工作生活水準須快速提升，
創新與生產力，需要不斷的提升，同時在
管理上，問題也接踵而至，如何調動人的
主觀能動性，克服工作困難，形成更爲突
出的議題。

一輛載滿乘客的公共汽車，沿著下坡路快速前進著，有一個人在後面，緊緊地追趕著這輛車子。一個乘客從車窗中，伸出頭來，對追車子的人說：「老兄！算啦，你追不上的！」這人氣喘吁吁地說：「我必須追上它，我是這輛車的司機！」

　　從人資的角度，人力資源制度必須在前，引導組織與員工朝目標前進，而非在後，被迫跟著時勢變化而跑！

第一節 工作設計

工作（Job）是指「責任和活動的總和」，工作設計則是屬於一種藉由系統設計，來縮短時程、降低成本、提高效能的理性邏輯思維。工作設計的最高境界是雙贏，一方面既要照顧到員工的需求；另一方面也同時能達成企業所期望達成的目標。基於雙贏的目標，所提出的工作設計，並據此設計出適當的工作內容、方法與型態等活動過程，以作為職位說明書的依據。就人力資源的工作設計而論，它與其他部門的工作設計，是有所區別的。一般的工作設計，會涉及經濟學上所謂的資源最有效運用，但人力資源的工作設計，因職責的緣故，較不涉及這個面向。

工作設計有愈來愈受重視的趨勢，這是因為隨著全球化與國際化，經濟體系互賴程度的升高，造成工作生活水準須快速提升，創新與生產力，需要不斷的提升，同時在管理上，問題也接踵而至，如何調動人的主觀能動性，克服工作困難，形成更為突出的議題。

一、工作設計（Job Design）意義

企業的工作活動，是指完成產品，或服務的直接相關活動。這些工作的活動，包括設立的工作活動、精密製程的工作活動、操作掌控的活動、推動作業的活動、技巧的活動、監控的活動、補強的活動、支援的活動、傳送的活動等。工作設計的重心，就是針對這些企業必須完成的工作活動，設定由何人（Who）來執行、執行何種工作（What）、如何（How）去執行、透過何種裝備（Which）執行、何時執行（When），以及在何處（Where）執行工作等重要議題。它不是為設計而設計，而是針對企業目前的任務與環境，並結合企業所要發展的目標，所提出來的設計，所以工

作設計是有其意義與原則。由此可知工作是目標,設計是手段,工作設計就是期望透過設計,來完成工作活動與企業任務。

二、工作設計的原則

摩斯(John J. Morse)及羅奇(Jay M. Lorcsh)提出權變理論(超 Y 理論),其主要論點為,管理學上的 X 理論及 Y 理論,都不是絕對的,因為部分人適於 X 理論的假設,其他人則適於 Y 理論的假設,工作設計乃因人而異。不過,工作設計仍是有原則可循的,基本上,有四大方面:

(一)任務性

企業未來發展的途徑與方向,與企業目前所處的狀況息息相關(萌芽、成長、成熟、衰退期)。人力資源工作者在推動工作時,所遇到的困難,往往在於不瞭解事業體目前所處的環境,與未來將發展的規劃方向,而未能提前設計企業內部的人事架構,所以工作的設計,一定要與公司的任務相適應。

(二)人性

工作設計應考慮職務工作量的變化不應只考量「功能專業化」,將「人」「僵硬地」安排到所設計的工作上,而應充分考慮到工作現狀、人體工學,與人員的興趣能力等方面。

(三)系統性

工作的設計,就是要賦予該工作應具備的職權。整個組織就像一部設計良好的機器,由一系列相互關聯的元件,組成去達成特定的目的。但工作與工作間,常有重複或權限的模糊空間,會使工作的績效降低。所以在設計時,應同時將各種工作任務,組合成一完整工作的系統。故此,每一個工作,就必須要有清楚的規範和步驟,使不同的職務既要有區別,又

要相互合作，以形成企業有機、有利（力）的工作鏈，達到最大效能的發揮。

（四）動態性

因工作內容的改變，或為了使工作設計更趨合理，則可以不斷透過工作分析，進而對工作設計再調整。此外，當然在一定程度上，也會讓員工透過學習，努力來適應工作。如此周而復始，以用來改善工作的內容，將使工作要求更符合個人與工作的需求。

第二節　工作設計的模式

工作設計背後的依據模式，在每一個時期都有所不同。但基本上人力資源管理中的工作設計模式，主要以傳統人力資源理論時期、修正理論時期、現代管理理論與功能管理模式等四大模式。每一個時期的理論假設，與所著重的點與特色也都有所差別。

一、傳統理論時期

在傳統理論時期，主要有科學管理學派、管理程序學派、官僚理論學派等三大學派。總合該時期理論貢獻，主要在於提出專業分工（Specialization / Division of Labor）、注重效率、例外管理、時間研究、按件計酬等，被稱為科學管理之父的泰勒（Frederick. W. Taylor），也是該時期理論的巨擘。傳統模式運用在人力資源的部分，大多是從專業分工的角度，強調工作簡單化（Job Simplification）。

二、修正理論時期

雖然同樣主張以科學、客觀的方法，來提高生產力效率。但卻有不同

的理論主張，此時主要代表是行為科學學派與管理科學學派。前者著重：

（一）管理者必須瞭解人性；

（二）提出群體行為與生產效率有關。

後者的管理科學學派（Mc Nammara）強調：

（一）調配有限資源；

（二）側重數量方法。

修正理論模式運用在人力資源的部分，大多是避免傳統只重「事」，不重「人」的模式缺點，此時期以工作擴大化（Job Enlargement）和工作豐富化（Job Enrichment），為人力資源管理的思考主流。

（一）工作擴大化

是將某項工作的範圍加大，使所從事的工作任務變多，同時也產生了工作的多樣性，其目的在於消除員工工作的單調感，相應於工作的擴大，待遇自然也水漲船高，而會讓員工感到更加充實。

（二）工作豐富化

工作豐富化也叫充實工作內容，功能在於增加工作的深度（Job Depth），它是指增加垂直方向的工作內容，讓員工對本身的工作，能掌握更大的控制權（工作的規劃、執行和評估），使員工能更加完整、更加有責任心地去執行工作，使員工得到工作本身的激勵和成就感。愈是商業競爭激烈的經營環境，其工作設計愈著重於個人工作的豐富化。

（三）工作輪調（Job Rotation）

每隔一段時期，將員工從某部門，調往另一個技能要求相似的部門。工作輪換的優點在於，給員工更多的發展機會，讓員工感受到工作的新鮮

感，和工作的刺激。同時又能使員工，掌握更多的技能，並增進不同工作之間員工的理解，提高部門間的合作效率。

設計以上各項活動（工作擴大化、工作豐富化、工作輪調）時，必須從整體系統的觀點著眼，並同時考慮技術、士氣及管理上所可能出現的問題。

三、現代管理理論

針對環境多變、競爭激烈的時代，現代管理理論主要強調彈性與創新，才能使企業勝出。此時期最具代表者，屬「系統管理學派」與「權變管理學派」，前者的理論重點是：

（一）主張將系統觀念，應用於管理觀念；

（二）績效取決於互動。

後者的「權變管理學派」則著重於：

（一）組織設計配合情境；

（二）管理因應情境而定。

現代管理理論運用在人力資源管理的部分，以自我管理的工作團隊（Self-Managed Work Teams）最具代表性。它是指員工對其工作，有較大的自主權，可使員工有更多的自由度、獨立性和責任感，來組成一個工作小組，對工作進度安排及任務分配，同時可以獲得回饋，以評估自己的績效，並加以動態的調整。在工作再設計中，充分採納員工對某些問題的改進建議，但是必須要求這些改變，對實現組織的整體目標有哪些益處，是如何實現的。

四、功能理論

波士頓顧問群之 BCG（Bonston Consulting Group）模式，以獲利的功能性，來對事業群的區隔，如明星事業群 —— 市場成長率與市場占有率均特別高；金牛事業群 —— 市場占有率高但市場成長率低；問題事業群（Question Mark）：—— 市場成長率高，但相對於最大競爭對手市場占有率低；明日黃花事業群是指市場成長率與市場占有率均低的事業群。針對這四個事業群，來做人力資源的工作設計。

以金牛事業群為例，其特徵是市場擴張需求不明顯，部門組織相對較穩定。此時企業體各職務的發展，應已進入較為完備的狀況，因此，在任用上，可考量有潛力的無經驗人員，利用訓練及工作教導的方式，帶領員工進入工作狀況。

以問題事業群為例，在問題事業群經營的情況下，企業體已沒有太多的時間，來等待人員訓練的完成，所以人力資源部門一方面應特別注意市場上，競爭對手在人力運用政策上的變化，另一方面在人力任用上，要甄選及派出具經驗與能力的員工。此外，也要重視人員離職原因狀況的掌握，強化離職面談的深入性，以協助公司找出經營管理上的盲點。

第三節　工作分析意義、目的、內容

工作分析的結果，與其他人力資源管理的功能息息相關，過程中，可藉由系統化的設計，達到更高的功效。基本上，工作分析（Job Analysis）是人力資源管理最基本的建構，是將工作內容的資訊、員工需求和目標做系統性的分析。這種有目的、有系統的流程，用來蒐集與工作相關的各種

重要資訊。工作分析所產生的資料是，許多人力資源管理的基礎，它是人力資源中規劃、設計、人力資源管理及其他管理機能的基礎。儘管執行工作分析常被認為是一份耗時耗力的工作，卻不能沒有它，而且此工作分析應隨時空的移轉而有所更新。

正確的工作分析，才能有助於企業，透過人力資源管理的運作，來提升人力素質（包含：人力需求制定、員工效率、員工對公司向心力等）。可是有些企業也曾經做過工作分析，但「一稿定終身」，此後，企業並沒有再根據經營環境的變化，來重新進行工作分析，當然也就無法就工作分析的結果 ── 工作說明書與工作規範，進行隨時的更新，以致造成工作的職責，與實際不相符合。當然這樣的工作分析，必然難以發揮作用。以下針對工作分析意義、目的、內容加以說明。

一、工作分析意義

工作分析是一種在組織內，所執行的管理活動。根據現代科學管理理論，工作分析就是將企業中，所有各項工作的任務、責任、性質，及工作人員的資格條件（知識、技術、經驗、能力）等項目，透過有計畫、有系統的蒐集、分析、整合工作等相關資訊，予以分析研究作成「工作說明書」與「工作規範」兩種書面記錄，作為人事行政的基礎資料，使人員招募、工作指派、訓練、薪資、考核、調遷、獎懲等，有所依據的方法。簡單的說，科學地規劃組織體系中，各個職位應該履行哪些職責、應具備哪些知識、需要何種技能的管理過程。

二、工作分析的主要目的

目的在於組織規劃、工作評價、招募、建立工作標準、任用適合的員工、職涯規劃、教育訓練、工作績效評估等。

（一）企業規劃

在組織不斷發展的過程中，工作分析可作為預測工作，變更上的基本資料，並且可讓該職位上的員工或其主管，預先進行準備因應改變後的相關工作。所以人力資源規劃者，在動態的經營環境中，必須時常分析組織的人力需求，以獲得必要的資訊。

（二）工作評價

工作評價是獎懲的基礎、升遷的依據，如果缺乏此等具體的佐證，那麼評價人員則無以為據，來提供決策者賞罰等建議。

（三）招募

應徵者的專業技能與實力，主要是針對是否符合該職位的需求而定。實力的好壞，雖然以往相關工作經驗，或透過筆試、口試或實作測驗試題等，可以測出一定程度的能力。但這些筆試、口試或實作測驗試題，要以何為根據呢？工作分析就是可以作為僱用該職位，新進員工的考量標準與依據。

（四）設定標準

工作分析可作為簡化工作，與改善工作的主要依據。因為工作分析可提供組織，所有工作的完整資料，並對各項工作的描述，都有具體的說明，故可避免重疊的工作，以發覺其工作所需改進之處。

（五）員工任用

詳盡的工作分析，才能訂出需求人力與所需人力的規格。人力資源部門在選拔或任用員工時，若沒有工作分析的指導，如何能掌握那些職位，需要哪些知識或技術，以及如何將新進的人才，安排於適當的職位上。

（六）職涯管理

企業或組織在既定的工作架構及內容下，可從「縱」的方面去整合上游及下游的工作，使員工在職涯管理上可以達到「工作豐富化」；同時，也可以從「橫」的方面，去增列相關度較高的不同工作，以達到「工作多樣化」。但是無論是「縱」的或「橫」的方面，這些可增加員工職業生涯規劃，都需要以工作分析作為重要參考的佐證。

（七）訓練

有效的訓練計畫，不是為訓而訓，它必須根據職務、責任與資格所需，再來提供教育訓練規劃，及建立訓練需求的調查基準。無效的訓練計畫，常缺乏相關工作的詳細資料，如此就很難提供有關準備和訓練計畫所應安排的資料，諸如訓練課程之內容、所需訓練之時間、訓練人員之遴選等。

（八）績效評估

績效評估在每一個組織都有不同的指標與來源，不過較合理的是，透過工作分析來決定企業績效標準，以及各項加權比重與評量標準、員工個人調薪依據等。

（九）其他

工作講求分工，將工作依任務和輕重，分由不同職務的工作者承擔，在分工的原則下，將責任分配給生產、行銷、後勤、財務、研發和人事等。工作經過詳細分析後，對於人事經費、轉調、升遷、工作環境不適等問題，都可以提出有效的改進，尤其是可以事先避免員工因工作內容定義不清，而產生的抱怨及爭議。

三、時機與注意事項

工作分析並不是一勞永逸的孤立管理工作,而是一個具有重複性行為,最少必須要在三種情形下,進行著工作分析。第一種情形是在初創組織體系時,所著手進行的工作分析,這通常是企業的第一次工作分析。其次,企業在新增工作職位時,也要進行工作分析。最後一種情形通常是,由於新技術、新方法、新系統的使用,導致職位工作內容的變動,也應進行工作分析。

工作分析特別要注意在執行分析前,瞭解參與者的感受,為此,可以簡單地進行一個事前會議,解釋該計畫的意義及可能幫助,並允許參與者,表達對該計畫的感受,並提出相關的問題。在執行工作分析之後,出現對員工隱私保密程度不高,復因工作分析的結果,而對該員工做主觀的判斷,或趁機當作該考評員工的績效等,而失去工作分析真正的用意。最後要注意的問題是,工作分析所牽涉到的資訊使用,以及相關道德性的問題。

四、工作分析的內容

進行工作分析的目標,就是為瞭解決如下六個重要的問題:

(一)員工要做什麼?主要的重心是什麼?(What)

(二)工作任務應該被要求在什麼時候完成?(When)

(三)工作任務應該被要求在什麼地方完成?(Where)

(四)該如何完成該項任務?用什麼資源與手段完成?(How)

(五)為什麼這項工作會要求這樣做?(Why)

(六)從事這項工作的員工,應該具備哪些技術?(Skill)資質條

件？（What Qualificatiaons）

換言之，工作分析的主要內容，包含工作活動、工作環境，也就是員工做什麼事、如何做、為何做或何時進行這些活動；在工作活動的過程中，需要何種設備與工具；工作執行時所需要的知識、技巧、能力或是其他的個人特質等。有系統的從事工作分析，通常也稱為「工作分析公式」（Job Analysis Formula）。

工作分析的內容，主要包括工作性質、生理條件和心智層面三部分。完成該項工作在心智層面上，所需的主動性及持續力，包含儀容、溝通、挫折忍受力等基本社交技巧；工作材料與器具的辨識技能及判斷能力；功能性的閱讀、電腦運用及計算能力，以及其他如時間觀念等。

在工作性質的部分，評估的範圍涵蓋很廣，其重要議題諸如工作特性，是否需要週末或夜間工作？是全職或半職工作？是否提供通勤工具？是否有工作速度及獨立工作的要求？評估職務流程及日常變動性等。是否須具備特殊技能或使用交通工具？

在生理條件的部分，工作分析著重工作完成，所必須具備的肢體動作，如移動、負重和操作能力等，以及感覺功能，如聽覺、視覺、嗅覺、顏色、大小等區辨能力。

五、工作分析步驟

工作分析本身就有常見的潛在問題，譬如，缺乏高階主管的支持，只用某種分析方法，主管與員工沒有參與工作分析的設計，該工作員工缺乏訓練與動機；改變的抗拒，工作重要性的膨脹。除了這些問題外，尤其目前經濟不景氣，裁員機會大於加薪機會，要求員工或對員工職位進行工作分析，是很敏感的！如果企業未事先加以詳細說明，以減少員工的疑慮，

有可能會讓員工產生恐慌，尤其只做某部分員工的工作分析。因此，工作分析的配套與前置作業，是很重要的。

在工作分析的準備階段，除了要擬定工作分析計畫，慎選工作分析人員之外，事實上，還有很多要注意的，首先是確定工作分析的目的，究竟是招聘、選拔、錄用，還是薪酬管理、人員的晉升與異動、人力資源開發與培訓發展及績效管理。其次是明確工作分析對象，這樣才可以結合公司長短期的戰略及經營目標、組織結構圖、流程圖及職位說明書等，以充分瞭解所欲分析工作的各種關係。最後，則是根據企業實際情況，確定工作分析的方法，並設計訪談提綱及問卷內容。若是採廣泛適用於各部門職位，較適用的是問卷調查法；若是工作流程較為複雜，內容責任難以界定的工作，則用訪談法；適用於簡單、容易觀察和度量的工作，常用現場觀察法。

六、工作分析方法

在工作分析的實際調查階段，主要有三種方法。

（一）問卷調查法

分析人員首先要擬定一套切實可行、內容豐富的問卷，然後由員工進行填寫。問卷法比觀察法較便於統計和分析。要注意的是，調查問卷的設計，直接關係著問卷調查的成敗，所以問卷一定要設計得完整、科學、合理。

（二）觀察法

觀察法是指工作分析人員，透過對員工正常從事工作的狀態下，進行觀察，以獲取工作資訊，並透過對資訊進行比較、分析、總和等方式，得出工作分析成果的方法。觀察法具體可分為直接觀察法、階段觀察法和工

作展示法。這種方法適用於變動很大，或很少變動及技術性等工作，不適用於涉及心理思考的工作，例如：律師、設計師。

（三）面談

它是透過工作分析人員，與員工面對面的談話，來蒐集職位資訊資料的方法。面談可分個別員工面談法、集體員工面談法（由10-20名從事同樣工作的員工與主管出席）、主管面談法及結構式面談（每次面談問題相同，並以相同客觀的評量指標，記錄受訪者的反應）。無論哪一種面談方式，面談的問題與反應，皆須做好相關記錄。一般面談法的標準，它們是：

1.所提問題要和工作分析的目的有關；

2.工作分析人員語言表達要清楚、涵義準確；

3.所提問題必須清晰、明確，不能太含蓄；

4.所提問題和談話內容，不能超出被談話人的知識和資訊範圍；

5.所提問題和談話內容，不能引起被談話人的不滿，或涉及被談話人的隱私。

面談的優點是，簡單又快速，且能蒐集到訪談者不易發現的資料。不過工作分析常常作為調整工作支付率的步驟，因此，員工傾向誇大自己的責任，而貶低他人的職責與重要性。

過程中，採非計量性的調查，其結果則適合編寫職位說明書；若用計量性，則可用以比較各工作的數值，以利薪酬高低安排的考量。

七、工作日誌法

這是由工作者本人，自行進行的工作分析方法。事先應該由工作分

析人員，設計好詳細的工作日誌單，讓員工按照要求，即時地填寫職位內容，從而蒐集工作資訊。須注意的是，工作日誌應該隨時填寫，比如以10 分鐘、15 分鐘為一個週期，而不應該在下班前，做一次性的填寫，這樣才可以保證填寫內容的真實性和有效性。工作日誌法最大的問題是，須長期記載，細節多且主觀，可能造成工作日誌內容真實性的問題。

八、專家討論法

專家討論法是請一些相關領域的專家，或者經驗豐富的員工進行討論，來進行工作分析的一種方法。這種方法適合於發展變化較快，或職位職責還未定型的企業。由於企業沒有現成的觀察樣本，所以只能借助專家的經驗，來規劃未來希望看到的職位狀態。

九、典型分析法

如果員工太多，或者職位工作內容過於繁雜，應該挑具有代表性的員工和典型，進行持續的觀察，進而提高工作分析的效率。

十、參與法

參與法適用於專業性，不是很強的職位，這是工作分析人員直接參與到員工的工作中去，扮演員工的工作角色，體會其中的工作資訊。參與法所獲得的資訊更加準確。要注意的是，工作分析人員需要真正地參與到工作中去，才能真正去體會工作，而不是僅僅的模仿一些表面的工作行為。

工作分析時，要指出部門應完成的具體任務，並根據任務按事件的性質進行分類，將主要關係列出，找出分類中之間的相互關係。至於在工作分析後，常見的產出是「工作說明書」（Job Description）與「工作規範」（Job Specification）。前者描述工作的內容，並定義何謂工作、責任、職責，及工作條件。其詳細內容可包含分析建立的日期、工作職

稱、職位，及直屬主管等資訊。工作規範則訂定可適任此項工作的工作者，所應具備的資格，例如，必備的教育程度、體能與技術能力等。工作分析的結果表達階段，主要任務是撰寫描述工作內容的工作說明書（Job Description），以及任此工作者所須具備條件的工作規範（Job Specification）。工作說明書與工作規範最大的不同，在於工作說明書是以「工作」為主角，而工作規範是以擔任某工作的「員工」為主角。

第四節　工作說明書

工作說明書（Job Description）是人力資源管理的基礎與重要文件，人力資源管理相關制度及管理活動，必須根據工作說明書，來運作或建制，所以工作說明書是一切人力資源管理的根本。組織在撰寫工作說明書時，應清楚明瞭地描述，定義工作須指出工作範圍與性質，用最明確且簡要的用語表示，最後要經過詳細的檢查，以檢視工作說明書的內容是否能達成工作要求，且明白易懂。

一、工作說明書意義

是工作分析後的書面摘要，它有關工作職責、工作活動、工作條件，以及工作對人身安全危害程度等工作特性方面的資訊。

二、工作說明書內容

早期學者認為工作說明書的內容，應涵蓋工作識別（Job Identification）、工作摘要（Job Summary）、工作關係、職責與責任（Relationships, Responsibility, Duty）、職權（Authority）績效標準（Standard of Performance）及工作條件（Working Conditions）等。但職場

最典型的工作說明書內容，則有十大項：

（一）工作說明書名稱、類別、部門、建立日期；

（二）工作職稱；

（三）工作者的職位；

（四）直屬主管；

（五）監督範圍、監督者；

（六）工作說明或工作摘要（目標、角色）；

（七）工作職責明細（每日、定期、不定期）及其說明；

（八）組織內外主要的工作接觸者；

（九）工作的環境及使用設備；

（十）工作說明書的撰寫者、審核者及核准者。

　　隨著時代的轉移，工作說明書的內容，除涵蓋前者之外，似乎強調的重點，有更加突出以下十六個項目的趨勢。這些被突出的項目是：

（一）教育程度；

（二）工作相關經驗；

（三）決策及判斷力；

（四）責任範圍（財務金額、人員接洽、管理監督）；

（五）專業知識（深度及廣度）及專業訓練；

（六）專業技能及技能等級或證照需求；

（七）工作環境或特殊工作條件（危險環境）；

（八）體力、聽力、言語或眼力的特殊需求；

（九）問題複雜性及解決難度；

（十）資料處理程序、分析及研究需求；

（土）工作錯誤的影響程度；

（土）有權使用的資源數量；

（圭）工作方式與工作規範明確程度；

（圡）作業流程中涉及不同的專業能力；

（圥）需要協調溝通能力；

（圥）創造業務附加價值或產品設計的能力。

三、工作說明書應用範圍

應用範圍最常見的有，工作評價或職等及職級設定；組織架構及職稱；薪資架構；績效考核制度；新進或調動或升遷；訓練或工作輪調；個人生涯規劃及發展；發掘工作中潛在可改善的地方。

四、工作說明書功能

工作說明書的用途廣泛，除了作為選才、育才、用才、留才的依據外，同時更是建制人力資源管理重要制度（薪資制度、績效考核制度）的基礎，它既可用來做人力盤點，又能達到工作設計合理化、人力配置合理化的目的。以下略述工作說明書的功能：

（一）適才適用

工作說明書之制定，把作業人員之工作性質、職務、責任及資格條件等做一詳細之區分與設定，在人事部門選拔或任用員工時，可避免判斷錯

誤,適才適用。

(二)訂定合理的績效考核標準

由工作說明書而衍生出績效考核標準,可讓員工瞭解其執行工作後,所達到之績效如何,並可讓主管瞭解其所屬員工之長處技能,及所應改進之處為何,用以作為處理獎懲、人事異動、薪資調整、教育訓練及業務改善的依據。

(三)預防衝突

每個員工的作業內容,都有詳細陳述及有一套客觀的標準,對工作考績及升遷調職等問題之評核也才能合情合理,避免員工的反彈。

(四)使工作獲得改善

各部門人員因有一套合理之作業評價制度,可依此統計現狀工作量及工作時間而設定較合理的用人數,使部門不致發生人員浪費或不足,進而影響生產之現象。

(五)使主管易於領導

由於有一套明確的作業評價制度,每個人的行動及工作價值,皆有一明確之準則予以評核,主管在人事用法上,亦較客觀公平,自然而然能受到下屬支持及合作,使整個工作氣氛呈現一片祥和之氣。

(六)訂定合理的區域津貼,增加工作的利益

由作業評價標準而衍生出區域津貼,可激發士氣,提高工作效率及品質,則公司因工作量的提高,可使單位工作量之成本比例降低,且公司除人工單位成本降低可降低銷貨成本外,因效率之提高,在相同人員編制下,其產能可能提高,增加收入。

五、填寫職位工作說明書障礙

傳統的書寫及更新工作說明書，在執行的過程中，確實是一項繁複又不討好的業務，尤其目前企業經營步調快速，員工工作內容經常在更動，如果要求員工隨時更新工作說明書內容，可能造成員工工作上的額外負擔，因此，部門及員工配合度會大大降低。同時，當人力資源部門未能獲得有效、最新的員工工作資訊，那麼在許多統計分析及判斷決策上，就可能產生偏差，而無法發揮激勵員工工作士氣，及預防人事問題的發生。

人力資源部門在推動部門或員工，填寫職位工作說明書，或更新變更內容的過程中，時常會遭遇許多困難。最常見的歸納如下：

（一）部門或員工根本不理會人力資源部的要求或敷衍了事；

（二）若工作內容有變動，部門或員工，不會主動更新工作說明書內容；

（三）部門新增職位或職位工作重新調整，部門或員工，不會主動填寫新工作說明書；

（四）工作說明書內容與實際工作內容不符，毫無參考價值；

（五）工作說明書內容粗略、語焉不詳，除員工本人外，無人看得懂；

（六）主管不重視工作說明書的功能或不知道如何運用工作說明書；

（七）主管及員工認為寫工作說明書是幫忙人力資源部完成某項業務罷了。

工作說明書表格及範例

（範例一）
人員工作說明書

職稱	在該職位上員工姓名
職位等級	該職位所屬部門
職位編號	填寫該表日期

1.該職位所屬單位的職責範圍（單位工作總彙）

(1)
(2)
(3)
(4)
(5)
(6)

2.設立該職位的目的

(1)簡述該職位在部門內設立的目的
(2)簡述該職位與部門內其他工作之間的關係

3.職責及工作要項

請列舉該職位中最重要的五項工作，該五項工作量，應占有總工作量及工作時間的80%左右。

工作要項	工作量占有百分比
(1)	
(2)	
(3)	
(4)	
(5)	

4.公司內部及公司外部的接洽

請列舉為達成上項工作任務,所需要接觸的人、事、地及目的。
(1)內部接洽
(2)公司外部接洽

5.權限及範圍

指出任何金錢、設備、人員受該職位管理及節制的範圍及權限。
(1)費用支出
　人員（薪水及獎金）＿＿＿＿＿＿＿
　業務支出　　　　　＿＿＿＿＿＿＿
　行政費用　　　　　＿＿＿＿＿＿＿
(2)部屬人數
　專業人員　　　　　＿＿＿＿＿＿＿
　基層人員　　　　　＿＿＿＿＿＿＿

(3)收益
　營業收入　　　　　＿＿＿＿＿＿＿
　利息收入　　　　　＿＿＿＿＿＿＿
　其　　他　　　　　＿＿＿＿＿＿＿
(4)設施／設備　　　　＿＿＿＿＿＿＿
(5)有權核准金額
　　　　　　　　　　＿＿＿＿＿＿＿

6.專業知識及技術

(1)教育程度
(2)相關工作經驗
(3)專業知識及技術
(4)管理經驗
(5)執照或證書

7.其他

(1)面臨之問題及解決權限
(2)決策授權範圍

8.組織內呈報系統

高一層主管

職　　務＿＿＿＿＿
職位等級＿＿＿＿＿
姓　　名＿＿＿＿＿

職　　務＿＿＿＿＿
職位等級＿＿＿＿＿
姓　　名＿＿＿＿＿

職　　務＿＿＿＿＿
職位等級＿＿＿＿＿
姓　　名＿＿＿＿＿

職　　務＿＿＿＿＿
職位等級＿＿＿＿＿
姓　　名＿＿＿＿＿

職　　務＿＿＿＿＿
職位等級＿＿＿＿＿
姓　　名＿＿＿＿＿

平行職位　　　　　　　　本職位　　　　　　　　平行職位

部　屬

（範例二）
工作說明書
日期：＿＿＿＿＿＿＿＿＿＿

職稱	該職稱員工姓名
上級職稱	部門

1.一般說明（設立該職位的目標及期望結果）

2.工作要項及責任
　　　　　　工作項目名稱　　　　　　　　工作內容及責任
　(1)
　(2)
　(3)
　(4)

3.專業知識及技術需求
　(1)最低標準需求：教育程度＿＿＿＿＿＿＿＿主修＿＿＿＿＿＿＿＿
　(2)最理想的標準：教育程度＿＿＿＿＿＿＿＿主修＿＿＿＿＿＿＿＿
　(3)相關工作經驗：名稱＿＿＿＿＿＿＿＿年資＿＿＿＿＿＿＿＿
　(4)有助該工作的經驗：名稱＿＿＿＿＿＿＿年資＿＿＿＿＿＿＿＿

4.工作複雜性 / 困難度？
　(1)描述有哪些工作複雜性 / 困難度較高？
　(2)為什麼複雜性 / 困難度較高？

5.職責範圍
　(1)負責之利潤或營業收入
　(2)授權核准金額 / 費用開支
　(3)負責公司財產價值

6.工作錯誤之影響
　(1)該職位經常可能發生的錯誤
　(2)在糾正錯誤中，所需要經過之手續
　(3)錯誤可能造成之影響（金錢、財產或公司名譽）

7.監督管理
　　　　　部屬職稱　　　　　人數　　　　工作責任

8.呈報系統及部門關係
　(1)上一級主管職稱、職等
　(2)與哪些部門在業務工作上關係密切

第五節　工作規範

　　工作規範是工作分析的另一項成果，有時與工作說明書並不分開，通常附於工作說明書之後，也可以單獨成為一份獨立的文件。工作規範（Job Specification）是用來指出公司中，完成某種工作所需具備的知識（教育程度）、體能、技術能力、心智能力、工作所需的判斷力與決策力，和所需人員要求條件及其他特徵的清單，以作為新進人員甄選的標準或基礎。工作規範須由有經驗的專業人士或主管來撰寫，才能較為客觀，並免於主觀判斷。若能以統計分析來決定某些重要的個人特性，與工作績效指標間的關係，就會使工作規範更具說服力。

一、工作規範的條件

　　為什麼某些人力特質，會與工作績效的指標密切相關，絕大部分都是透過經驗歸納法則或統計而得。所以組織可以選定會影響績效的人力特質，然後對應徵者就這些特質加以測試。工作規範主要包括工作行為中，被認為非常重要的個人特質，尤其是針對「適合此工作」特質的人，內容以工作所需的知識、技術、能力為主。工作規範能反映該項工作獨特的工作要求，譬如，以環境工程師的必要條件為例，可能需要的教育程度是碩士，專長或研究所論文屬環工、環科、地質、應用地質等研究所。其他同時應具備條件，譬如：

（一）具專案計畫開發及執行經驗尤佳；

（二）具專案管理經驗、分析能力強尤佳；

（三）對品質管理、系統研究及推動有興趣；

（四）中文寫作能力佳、電腦文書處理能力強、略通英文；

（五）能配合出差、吃苦、耐勞、加班、學習成長者；

（六）善於與同事溝通，人際關係良好。

　　工作規範就另一個層面來說，是員工在工作中，應注意且須遵守的條例，不過有或無經驗工作人員的規範，則是有所不同。一般來說，曾具有工作經驗的人員工作規範，由於員工已瞭解，所以在設定時不需過於複雜，只要強調其需要什麼樣的相關經驗及特殊訓練。就無工作經驗人員的工作規範設定，大多是列出應徵者理想體能狀況、個性、興趣、知覺能力。

二、工作說明書與工作規範之內容差異

工作說明書	工作規範
工作名稱（頭銜）	適合該工作人選應具備條件
位置	教育程度
摘要	專業經驗
責任	實務訓練
所需器械	決策與判斷力
設備、物料	創新能力
接受之監督	實際努力
工作條件	熱誠與責任感
其他因素	溝通技巧
	情感特性

人力資源規劃

新一代的人資管理，必須配合企業發展，協助企業訂立經營策略的夥伴、協助組織建立推動企業文化的變革代理人，及各事業主管的管理顧問，並全力提升人力資源規劃的投資報酬率。

某日，張三在山間小路開車，正當他悠哉地欣賞美麗風景時，突然迎面開來一輛貨車，而且滿口黑牙的司機，還搖下窗戶，對他大罵一聲「豬啊！」。張三越想越納悶，也越想越氣，於是他也搖下車窗，回頭罵：「你才是豬！」才剛罵完，一群豬便迎頭撞上來。

　　突如其來且時間急迫的情況下，人的溝通不足，常會引起誤會！爲避免意外，在人資的領域，應有危機處理的應變規劃。

第一節　人力資源規劃（Human Resource Planning）意義、重心

　　人力資源更是企業生存必備的資源，而人力資源與企業核心能力的結合，所形成的策略性核心資產，更是企業奠定獨有的優勢。所以人力資源被視為是知識經濟時代，組織最重要的核心資產，是致勝的根本，故此現代管理理論大多認為：「誰擁有了一流的人力資源結構，誰才有可能成就一流的企業。」企業所需員工的特質，如性別、年齡、教育程度，對公司的人力資源規劃，重要性是無可忽視的，且足以影響其組織結構的完整。

　　傳統組織由於人才的選、用、育、留、晉的行政角色，無法應付激烈競爭復又多變的時代，因而人力資源規劃自 1960 年代逐漸興起，當時使用的名稱為「人力規劃」（Manpower Planning），而主要則是在從事人力數量的預估，不過因「人力」一詞的內容，指涉的範圍逐漸擴大，尤其在1970年代之後，才逐漸開始使用「人力資源規劃」一詞，以擴大其內涵，並顯示其對人的重視。重視的原因，人力資源部門若能配合企業經營，大步地邁進，就能協助企業掌握速度、安全和致勝先機。

　　人力資源規劃是指運用科學有效的方法，診斷組織發展的內部和外部環境，及企業現有人力資源狀況，結合企業經營發展戰略，並考慮未來的人力資源的需要，和供給狀況的分析及估計，在此基礎上，規劃企業的發展，制定組織編制、人員配置、教育培訓、薪資分配、能力素質、職涯發展等，以達人力資源部門的職能性規劃。由此可知，就狹義而論，人力資源規劃著重在未來人力供需的分析，分析的重點，則在於人力資源的「量」，以及「質」的預測，以作為人員招募與訓練計畫的依據。廣義而言，則含括整個人力資源部門，完整功能的規劃。

人資政策的發展與落實，會直接影響組織目標的達成與否。面對二十一世紀快速變動的時代，及知識經濟的趨勢，企業必須不斷的調整策略，才能保持競爭優勢。因此，企業成功與否的關鍵，在於建構組織所特有的稀有性、價值性、特殊性與難模仿性，而人正是這些特性的核心。但是卻常見企業營運一段時間之後，發現人力資源的適用，並未達最佳經濟效益，究其原因，不外乎組織設計不合理、工作設計不合理，與人員配置不合理。為了避免這些缺失，實現公司整體經營的目標，現代企業人力資源部門，最重要的職能之一，就是進行企業的人力資源規劃。

一、人力資源規劃對企業或組織發展的四大重要性

（一）合理分配人力

人力資源規劃就是協調不同的人力管理計畫，使各項人力活動與組織未來目標能夠更有效的配合。人力資源規劃特別重視合理的分配人力，尤其對企業人員流動，進行動態預測和決策的過程，它在人力資源管理中，具有統領與協調作用。

（二）強化組織應變力

由於經營環境的變化，所帶來的衝擊，任何企業在人力資源管理上，都必須做好因應。應變的能力，往往影響到整個組織成長的動力與方向。唯有能有效掌握人力資源的投資，進行「人力規劃」的工作，使人員致力於組織目標的達成，既能提升經營績效，又能確保競爭優勢。

（三）預防冗員產生

在經濟效益的考量下，人力避免「冗員」或「呆人」的產生，因而造成人力鬆散、競爭性低，甚至浪費企業財務資源，及無法培養專業人才等弊病。

（四）降低不確定風險

人力資源規劃可確保組織，能夠適時適地獲得適量適用的人員。當環境變遷愈大，「人力資源」良窳的重要性就更被凸顯出來。透過人力資源規劃過程，組織可預估未來所需人力，進行人才儲備，不必擔心組織人力與未來發展目標銜接不上，減少管理者對未來的不確定性。人力資源規劃除上述四種之外，同時尚能減低用人成本，及滿足員工需求。

二、人力資源規劃的時程和目標

人力資源規劃是長期繁雜的任務，而且影響的變數也多，所以不能僅由人事單位單獨決定，必須各單位通力合作。同時在人力資源規劃時，因時間的長短不同，可分為長、中、年度和短期計畫等四種。長期計畫以未來的組織需求為起點，屬三至五年期的規劃，同時並參考短期計畫需求，以測定未來的人力需求。中期計畫屬一至三年規劃，適合大、中型企業。年度計畫屬企業每年對組織內，人力所進行的安排，通常一次。短期計畫則為應急計畫。根據這四種不同時期的計畫，可知人力資源規劃的重心，有七大部分，如果企業組織在規劃時，能抓住這七個部分，表示能充分發揮人力資源規劃的功能；反之，則否。這七大部分是：

（一）分析長期（3～5 年）人力資源需求與供給配合；

（二）分析短期（1～3 年）人力資源需求與供給配合；

（三）檢視全公司人力資源的質與量；

（四）檢視人力資源規劃與招募遴選的配合程度；

（五）檢視人力資源規劃與訓練發展的配合程度；

（六）檢視人力資源規劃與輪調升遷的配合程度；

（七）檢視人力資源規劃與企業目標的配合程度。

　　人力資源規劃僅是組織人事制度系統的開端，為了達到組織目標，人力資源部門，應持續規劃後續的敘薪晉升、績效考核、員工訓練等制度的配合，如此才能達成規劃的最終目的。新一代的人資管理，必須配合企業發展，協助企業訂立經營策略的夥伴、協助組織建立推動企業文化的變革代理人，及各事業主管的管理顧問，並全力提升人力資源規劃的投資報酬率。

第二節　人力資源規劃方法與應注意事項

　　影響人力資源規劃的因素雖多，薪酬設計則是其中關鍵因素之一。薪酬設計可區分為工時制與績效制，此兩種薪酬設計方式，分別代表了兩種基本假設，「工時制」在工作與薪酬的基本假設上，乃反映著薪酬是用以購買員工的時間，代表著工業時代的價值與經營方式。「績效制」在工作與薪酬的基本假設上，乃反映著薪酬是用以購買員工的績效成果，代表著知識經濟時代的價值與經營方式，報酬不依投入的工時來決定，而是依工作的產出而定。

一、規劃方法

　　人力資源規劃有兩種方法，一是定量法，二是定性法。

（一）定量法

　　數量分析中的模擬法、計量分析或調查法，都有其特殊處，定量法主要是使用統計和數學方法，這種方法把員工視為數字，以便根據性別、年齡、技能、任職期限、工作級別、工資水準，以及其他一些指標，把員

工分成各種群體。這種方法的重點是，預測人力資源短缺，剩餘和職業生涯發展趨勢，其目的是使人員供求符合企業的發展目標。人力資源規劃若是用定量法，主要是認為可依據過往的歷史資料，求取出趨勢或參考參數值，具體上可採時間序列分析、線性迴歸、馬可夫（Markov）模式等方法。以往人力資源規劃方法，似乎存在一些共同假設，例如，過去的歷史經驗將在未來重現，或是未來的狀態是可以有效預測的。

（二）定性法

傳統人力資源規劃中的「判斷法」，既可從員工角度出發，也可依據管理者或依據其經驗判斷，採德菲法（Delphi）或名目群體法，由專家判斷之。如果是由下（員工）而上，重視的是如何使每個員工的興趣、能力和願望，與企業當前和未來的需求結合起來。該方法的重點是，評估員工的績效和晉升可能性，管理和開發員工的職業生涯，以達到充分開發和利用員工潛力的目的。

二、應注意事項

人力資源規劃即事先決定，要完成什麼？（What should be accomplished?）要如何完成，怎麼做？（How it should be done?）需要多少人力？（How many employees will be needed?）於何時何處完成？（When and Where it should be done?）為何要完成？（Why it should be done?）在整個規劃的過程中，應該注意到：

（一）人員變動

注意組織的經營目標，也注意組織人員的自然異動狀況，如離職率、退休或職務輪調等因素。

人力資源規劃內容一覽表

計畫類別	目標	政策	步驟	預算
總規劃	總目標（績效、收縮、保持穩定）	基本政策（擴大、收縮、保持穩定）	總步驟（按年安排，如完善人力資訊系統）	總預算：××××萬元
人員補充計畫	類型、數量、層次，對人力素質結構及績效的改善等	人員素質標準、人員來源範圍、起薪	擬定補充標準，廣告吸引、考試、面試、筆試、錄用、教育訓練	招聘甄選費用
人員分配計畫	部門編制，人力結構改善及績效改善、職務輪換幅度。	任職條件，職位輪換範圍及時間	略	按使用規模、差別及人員狀況決定的工資、福利預算
人員接替和提升計畫	預備人員數量保持，提高人才結構及績效目標	全面競爭，擇優晉升，選擇標準，提升比例，未提升人員的安置	略	職務變動引起的薪資變動
教育培訓計畫	素質及績效改善、培訓數量類型，提供新人力，轉變態度及作風	培訓時間的保證、培訓效果的保證（如待遇、考核、使用）	略	教育培訓總投入
工資激勵計畫	人才流失減少、士氣、績效改進	工資政策、激勵政策、激勵重點	略	增加薪資獎金額預算
勞動關係計畫	降低非期望離職率、勞資關係改進、減少訴訟和衝突	參與管理，加強溝通	略	法律訴訟費
退休解聘計畫	編制、勞務成本降低及生產率提高	退休政策及解聘程序	略	人員遣散費

（二）營運績效

以整體性角度思索人力資源議題，其中尤應注意組織經營的目標，如營業額、市場占有率、新產品推出或產量等目標為基礎。

（三）企業與員工

企業的發展和員工的發展，兩者是相互依賴的關係。所以人力資源規劃不僅要面向企業規劃，同時也要面向員工規劃。

（四）參與人選

人力資源規劃是企業內部，相關人員共同完成的，絕非人力資源部單獨所能夠解決的問題。因此，人力資源部在進行人才資源規劃時，一定要注意充分吸收各個部門，以及高層管理者的參與。

（五）動態變化

人力資源規劃是一個動態的過程，必須關注影響人力資源規劃的各種因素，尤其是策略須與經營環境的動態變化，實踐中發現一些企業在人力資源開發與管理中，往往缺乏動態的人力資源規劃和開發的觀念，誤把人力資源規劃，理解為靜態地蒐集資訊，和相關的人事政策資訊，無論在觀念上還是實踐上，都有一勞永逸、依賴以往規劃的錯誤觀念。

我國的產業結構屬中小企業，因此在人力資源規劃方面，有其特殊性的議題，譬如，企業如何確認未來一年或三年能掌握的員工數量？如何吸引及留任優秀的員工？家族企業如何做好，新世代的接班管理（Management Succession）？隨著企業的成長，所伴隨的人力資源管理活動演化為何？家族關係與人力資源政策的關聯？中小企業的接單不穩定，如何做好人力資源規劃，以便能確保彈性的人力運用，以及增加企業。

第三節　人力資源規劃的缺點和正確步驟

由於企業經營全球化、自由化的衝擊，經營環境愈趨競爭，企業競爭力已從土地、資本、資產優勢，轉為人力優勢，所以人力資源已成為組織管理中，不可忽略的一個議題，如今也是企業界創造競爭優勢的關鍵。

一、瑕疵型的人力資源規劃產生的不良後果

在規劃的過程中，常見到人力資源規劃所出現的缺點，譬如，缺乏其他部門主管的協調合作、缺乏高階主管的支持，或者是技術陷阱等。當人力資源規劃出現瑕疵，就會有可能產生五種不良的後果：

（一）人才斷層

當企業快速成長之際，負責決策的中高層主管出現空缺，卻不能即時有適當人選來填補。

（二）短缺勞力

人口的減少，以及受限於工作性質、地區及工作條件等因素，企業未能即時找到適「質」、適「量」的人選，來滿足現在所需填補的基層員工，使企業面臨員工短缺的困境。

（三）堵塞人力

因晉升管道規劃的不完善，或空降部隊阻礙內部員工的升遷、晉級，都可能產生人力堵塞的現象。

（四）流失人才

人力資源規劃要先知道，人才為何流失？才能有所防範。基本上，人

才流失主因，來自於「外拉力」與「內推力」等，兩大因素而離職。「外拉力」包含同業挖角、產業前景或家庭因素（例如：結婚、遷居、接掌家族事業）和其他因素等。「內推力」包含待遇福利、組織氣氛（主管的管理風格、文化、價值觀、同事關係）、感受到不公平的待遇（薪酬、升遷、獎懲等）、公司發展不佳、工作環境不佳、對工作內容不喜歡、沒有成就感或沒有成長發展的機會、沒有適當的學習與訓練、工作負荷壓力太大、公司管理制度問題、感覺不受重用、懷才不遇等情感因素，而造成流動率高。

（五）充斥冗員

人資規劃忽略後續培訓或平時人力盤點，因而常出現高階、基層都短缺，中間卻虛胖的現象，這使得人力品質下降，工作意願更形衰退。有鑑於此，人力資源規劃必須按以下的步驟進行。

二、人力資源的規劃步驟

但是人力資源究竟要如何規劃？基本上，規劃是有步驟的：

（一）環境分析與評估；

（二）企業經營目標設定與策略規劃；

（三）人力盤點；

（四）評估與預測人力需求；

（五）確定人力需求；

（六）掌握人力資源庫藏；

（七）建立人力資源策略；

（八）發展人力資源執行方案；

（九）人力資源規劃的實施、評估和反饋。

（一）環境分析與評估（Situational Analysis and Environmental Scanning）

經營環境的改變，對人力資源管理的衝擊相當大。在快速變遷的時代腳步中，已經不容許企業在營運上，不做任何改變，譬如，商場與新科技的日新月異，企業經營型態也隨之丕變；換言之，人力資源規劃的基礎，已發生了變化。因此，「人力資源」的規劃，必然要認識產業環境的快速變遷。譬如，現階段台灣勞工所面臨的問題有：

1. 低度就業（缺工不缺人）；

2. 基層勞力短缺；

3. 工業與農業部門釋出人力之轉業問題；

4. 外籍勞工管理問題；

5. 中老年再就業的問題。

人力資源規劃的基本要求，就是要分析組織內外部環境，內部環境包含人力資源現況、策略及未來發展計畫；外部環境包括政治、經濟、社會、科技，以及國際情況。譬如，預期未來的失業率，如果失業率愈高，則招募人才愈加容易。根據這些分析出來的結果，可以做人力資源的需求預測，及瞭解人力需求供給可能的來源。

（二）組織經營目標設定與策略規劃

組織策略可以根據不同目的，分為正式與非正式，短程與長程等區別，健全有制度的人力資源規劃，不僅能夠結合企業，短中長期的策略目標，更要能強化企業競爭力。被現代企業組織視為最重要資產的「人」，

究竟要如何安排，主要是根據企業經營目標如何設定。有了明確的企業經營目標，人力資源才能據此安置在財務、行銷、生產、人事、採購、研究與開發等組織結構上。這是人力資源部門將組織的目標，轉化為特定的人力、資源、數量與素質的過程。

（三）人力盤點

IBM曾調查全球 320 家企業，並訪談 100 餘位人力資源部門主管的結果後，發表「2005 年全球人力資源研究報告」（The Global Human Capital Study 2005），該報告指出六成以上的人資主管，最大的挑戰，來自於辨識員工職能的水準，並針對企業目標發展適當的人才培育計畫。但問題是，多數的人資主管，甚至不瞭解員工擁有哪些職能與專業知識，因此無法規劃企業求才的職能標準。所以弄清企業現有人力資源的狀況，是制定人力規劃必要的基礎工作。事實上，人才盤點的目的，就是要知道企業，有多少人才可以應付發展所需。

人力資源盤點在質的方面，牽涉企業策略、組織結構、團隊士氣、價值觀及核心能力；量的方面，牽涉組織營業預算、工作職掌分配、勞動生產力，及其他變數指標。理想上，人資單位應對於企業內，各樣的人才，應該要能隨時充分的掌握，而不是久久才盤點一次。為了瞭解所擁有的人力資源，必須分析每位員工的專長，以及認定相關的工作能力，這些都要透過系統化的科學方法，對組織、業務及人力加以分析、評量。

（四）評估與預測人力需求

人力資源需求預測是指企業或組織，為實現既定目標，對未來所需員工數量和種類，進行估算的過程。評估組織當前和未來的人力需求，預測組織可能會面臨人力短缺或人力過剩的情形是，人力資源規劃的兩大重

點，此涵蓋人力資源需求預測，和可用人力資源預測等兩部分。人力資源需求預測包括短期和中長期預測。人力資源需求的預測，和產品或服務需求預測同等重要，錯誤的預測，能造成巨額的成本浪費。

人力資源部門若能比較精確地掌握人才的供需狀況，則人才招募、教育訓練、薪資、晉升、輪調、員工生涯規劃、接班人計畫等等，就能以較為經濟的方式，為企業達到目標。要如何更精確地掌握人才的供需狀況，這顯然就要抓住人力評估的時機，譬如，人員閒置、冗員充斥；人事成本過重；勞逸不均日益嚴重；淘汰無法接受新技術的資深員工之際；科層體制形成，內部溝通繁複，須增加大量管理人員之際；人員流動遲緩，更新速度過慢；沒有生產力的工作過多之際；員工的訴求過多。

（五）確定人力需求

人力需求預測正確與否，將左右招募作業的成敗，故人力需求應建立在科學化的分析技巧上，不應植基在直覺的需求模式。需求人數一旦確定，隨之而來的是，每月固定的用人費用（包含：招募、訓練及其他庶務性費用與薪資）等相關議題。

（六）掌握人力資源庫藏（Human Resource Inventory）

確定人力需求之後，就應掌握人力資源本身的庫藏。合格的人力庫存（Qualification Inventory）應有每位員工的績效紀錄、教育背景、晉升可能性等。一個企業或組織，為了瞭解所擁有的人力存量及其結構，必須透過系統化的科學方法對組織、業務及人力加以分析、評量。掌握各職類的現職員工數，或是組織內具備特定核心技術人員，都是預測未來人力供給的基礎資料。唯有掌握與瞭解核心人才的需求後，內部方能進行人力盤點及人才評鑑，確定是否有足夠人才可以滿足或發展為核心人才，以配合公

司短、中、長人力資源規劃的需求。如果人才不足，緊接著就是要確定管理或技術人才，然後再確定是哪些類別、層次、職位、人數等，最後就要對其職能（Competency）的專業知識及技能加以規劃，並依職能確定訓練及發展需求。

組織競爭戰略	「紅海」競爭戰略	「藍海」創新戰略	高品質產品戰略
人力資源策略	誘導策略（Inducement）	投資策略（Investment）	參與策略（Involvement）
人力來源	外部勞動市場（委外、外包、挖角）	內部勞動市場	內、外部勞動市場
工作描述	明確、詳盡	廣泛	明確、詳盡
升遷管道	較不易轉換	多重、廣泛	狹窄、不易轉換
僱用關係	較短期	較長期	較長期
工作保障	低	高	高
基本薪資	低	高	中
獎金獎勵	低	高	中
歸屬感	低	高	高

（七）建立人力資源策略

人力資源策略與總公司策略或事業策略，是相互影響、相輔相成。所以人力資源策略是由總公司策略，所導引出的人力資源政策與手段。這當中包括人力資源單位和直線主管，在人力資源功能上的角色定位、公司整體的人力資本策略、組織資本策略、人力資源部門的功能性策略。

（八）發展人力資源執行方案

完成組織人力資源之供需分析後，必須依其分析結果，擬定相關之人力計畫方案，例如，隨著全球化競爭日益激烈，企業降低成本與精簡組織的壓力從未停歇，人力資源過剩時，或經理人遇到員工績效不彰的問題時，最常用的方法，除了與員工面談以外，就是開除。然而，從開除舊員工到使新員工完全進入狀況，所需花費的成本，往往是所費不貲、不符成本效益。

解決方式可能很多，譬如資遣、減薪、提早退休、遇缺不補、強迫休假、減少工作時間、提供進修機會。又例如，人力資源不足的時候，解決的方式，可以有加班、培養多能工、建教合作、僱用外勞、業務外包、延長退休年齡、增聘臨時人員。

（九）人力資源規劃的實施、評估與反饋

企業將人力資源的總規劃，與各項業務計畫付諸實施，並根據實施的結果，進行人力資源規劃的評估，並即時將評估的結果反饋，修正人力資源規劃。由於組織內外諸多不確定因素的存在，造成企業策略目標的不斷變化，也使得人力資源規劃不斷變更，因此，人力資源規劃應當動態地改變，不斷修正短期計畫方案。

在評估與反饋時，要從以下這七方面比較，以鑑別人力資源規劃的有效性：

1.實際招募人數與預測需求人數的比較；

2.生產效率的實際提高水準，與預測提高水準的比較；

3.實際的人力資源流動情況，與預測的流動情況的比較；

4.實際的執行方案，與規劃的行動方案比較；

5.實施行動方案後的實際結果，與預測結果的比較；

6.勞動力和行動方案的實際成本，與預算額的比較；

7.行動方案的收益與成本的比較。

當完成以上人力資源規劃之後，人力資源規劃時間表並不表示人力資源部就可以依此表正式辦理人員招募活動；正式人員的招募活動，必須在職位申請表核准後，才可以正式實施。

第四節　人力資源供需預測

人力資源規劃是將組織的策略規劃，轉化成特定的人力資源數量，與素質的計畫。其中對企業人力資源需求與供給進行預測，是人力資源規劃中，技術性較強的關鍵工作。全部人力資源開發、管理等計畫，都必須根據預測決定。在現今的產業環境裡，各行各業或多或少都面臨比過去更為劇烈且頻繁的變化，這些變化可能來自市場競爭、客戶需求、創新科技及相關政策法令等，這些因素必然會改變原先的人力需求與供給。如何未雨綢繆以為因應，正確預測人力資源供需的變化，是無可替代的！

一、人力資源需求預測

在制定人力需求規劃的同時，通常須對三部分進行預測：

（一）是組織的人力需求；

（二）是組織內部合適人選的供給；

（三）是外部合適人選的供給。

預測人力資源需求，必須多方面加以綜合考慮，因為影響人力資源需求的因素，是多方面的！預測的內容，包括要達到企業目標，所需的員工數目和類別。預測的方法多樣，在進行預測時，要考慮企業的目標和策略、生產力或效率的變化，及工作設計或結構的改變。很多時候，因為所要考慮的因素複雜多變，進行預測時，就不得不用代替法，或者放棄部分的預測工作，因而所得出的結果，往往不是絕對正確的結果。正因為如此，人力資源需求預測，既是一門科學，也是一門藝術。企業必須根據其本身的情況，選取較適合的方法。

　　此外，企業在分析人力需求預測的同時，管理者應考慮五項因素：

　　（一）是人員的流動率（由於員工辭職或被解僱）；

　　（二）是員工的素質與層次（隨組織之需求而改變）；

　　（三）是提升產品或服務之品質，以及拓展新市場之決策；

　　（四）是為提升競爭力、技術及管理所需的改變；

　　（五）是部門中可運用的財務資源。

　　透過以上這些因素的考量，人力資源需求預測才能更為準確。

二、人力資源供給預測

　　外部供給是指當組織內部，出現職位空缺時，從組織外部挑選人員任職。人力資源的供給預測是，確定組織能否保證員工具有必要的能力，以及員工來自何處的過程。它可以幫助組織確定所需員工是來自內部還是外部，或者同時從兩方面獲得。內部供給是指組織從內部提拔員工擔任某管理職位，這種填補職位空缺的方式，有利於提高員工士氣和工作績效、增加員工對組織的認同感，能夠確保企業穩定的員工組織，並且相應的培

訓費用較低。內部供給預測的方法，有主觀分析的人員替代法、人員繼承法，和定量分析的馬爾可夫法（預測具有等時間隔，如一年的時刻點上，各類人員的分布狀況）。

外部供給預測需要考慮多方面的影響因素，譬如，本地區內人口總量與人力資源率；本地區人力資源的總體構成；本地區的經濟發展水準；本地區的教育水準；本地區同一行業勞動力的平均價格；本地區人力資源的就業心態與模式；本地區的地理位置，對外地人口的吸引力；本地區外來人力資源的數量與質量；本地區同行業對人力資源的需求；其他本地區外來的因素，如國家勞動法規等。

三、預測方式

預測方式有電腦預測、迴歸分析、比率分析、散布圖分析、趨勢分析、德菲法、主管判斷等，現依序說明如下。

（一）電腦預測（Computer Predict）

人力資源部門和直線主管共同合作，將企業各種人力資訊輸入到電腦，並運用適當的軟體來進行，將資訊轉化為電腦可預測的模式。

（二）迴歸分析

綜合過去工作量的指標，如研發成果、生產水準及其他因素，找出與人員需求的統計關係。若發現彼此之間具有顯著關係，那麼可用一迴歸模型以預估將來人力需求。

（三）比率分析（Ratio Analysis）

基本上，是透過指標來做比較，如產品、服務的供給量，和銷售人員數量等指標的比較，又譬如過去三年人事費總額，和過去三年營業收入總

額,來瞭解企業所需人力。常見的比率分析是,將影響人力的需求,和員工所需員工數目等二項指標做比率,來預測企業所需人力。當然不一定由以上這些指標來做比較,譬如,創新研發的速度和生產者,兩者之間的比例也可以。舉例來說,一醫院過去有 600 張床位,共僱用 20 名醫生,則預估到 1,200 張床位時,根據過去 10:1 的比率,需要 40 名醫生。

(四)散布圖分析(Scatter Plot)

當企業要檢視業務活動量,與人力水準是否相關時,透過散布圖的分析,則可以預測員工量供需變化。

(五)趨勢分析(Trend Analysis)

目的在於確認未來員工變動的趨勢,譬如從分年資訊可洞悉,逐年人數的增減,哪一年齡層增減趨勢較明顯,若低年齡層呈增加趨勢,高年齡層呈減少趨勢,平均年齡維持年輕化(一般認為 30~35 歲)必然穩定。反之,當出現高年齡層增加趨勢,及低年齡層減少趨勢明顯時,平均年齡上升,人員老化現象應即關切,並應注意某年齡層員額趨減過多時,易發生人力斷層。除企業內趨勢的分析,同時也可輔以總體經營環境、產業環境、客戶需求、競爭者變化,以及本企業科技研發創新等方式,來預測未來人力的供需。

(六)德菲法(Delphi Method)

該種途徑可針對不明確性、複雜性及爭論性等議題,提出較佳的答案。德菲法技術是由美國 蘭德公司(Rand Corporation)最先發展出來,屬於一種結構式團體溝通過程的方法,它針對特定議題,並限制在一定範圍內,讓成員能針對一項複雜的議題,進行充分、有效的討論。其結果可整合群體專家所長及經驗,建立一致的意見或共識,提升決策內容的品質。

（七）主管判斷（Managerial Judgment）

譬如，透過 BCG 模式找出具發展前景的核心事業，思考相對應人力配置問題時，最後還是得回到管理者的終極判斷。無論使用何種人力供需預測，主管判斷都扮演非常關鍵的角色。

四、預測時間

（一）短期預測法

短期預測法大多是維持現狀法，這是預測人員需求的一種簡單定量分析方法，它假定目前的供給和人員組合，適用於整個預測期，即人員的比例，在整個預測期保持不變。在這種情況下，規劃僅僅意味著採取措施，填補因某些人員提升，或調離所造成的空缺。短期預測法常用的是人員比例法及人員配置法。人員比例法指的是，如果企業過去的管理人員與生產人員的比例為 1：20，亦即 1 名管理人員管理 20 名生產人員，那麼，如果預測企業生產擴大，在未來需要增加 300 名生產人員，就需相應地增加 15 名管理人員。二是生產單位與人員配置比例，譬如，如果每個生產工人每日可生產 500 單位的產品，其比例是 1：500，在勞動生產率不變的條件下，假定企業每日要增加 50,000 單位產品，就要增加 100 個工人。

（二）中長期預測法

德菲法又稱專家預測法。在做中長期規劃時，必須明確企業的中長期發展方向、企業發展規模和趨勢。這就要求專家綜合分析技術、經濟、法律和社會環境的變化，並提出自己的結論。德菲法可以綜合分析影響企業將來發展方向和人員需求的各種因素，透過問卷調查，來獲得各個專家，對相關問題的獨立判斷意見。

除了前述的預測法，就企業組織而論，也可直接根據景氣變化、市場

需求、競爭者與政府法令等變化,諸如歸納與統計法、市場趨勢法、指標評估等方法,來確認預測人力需求的方法,提出短、中、長期需要哪些管理、技術核心人才。

第五節　人資供需失調的調整方法

員工必須依附於組織內,其生涯夢想才得以實現;而組織也需要靠員工的努力,其功能才得以發揮;換言之,員工與組織應該是水乳交融、唇齒相依,密不可分。不過當市場需求的急速萎縮,過多的員工,就會出現人資供需矛盾。當然人力資源管理中,可能會遇到的風險不僅於此,比如景氣不佳時,冗員過多;優秀員工被獵頭公司相中;廠商與廠商彼此之間的挖角、跳槽;新的人力政策導致員工情緒不滿、離職員工大量湧現;人口結構逐年老化,加上近年來,人口出生率屢創新低、勞力短缺問題浮現等,都會影響到公司的正常運作,甚至造成極大的傷害。換言之,無論是人力過剩或不足,與不適任的人力,均不利於企業。

一般來說,技術與財務對企業發展而言,通常不是嚴重障礙,因為技術有許多管道可以合作或轉移;而在財務上,如果公司有發展的前景,通常資金來源也不成問題,倒是在人才的供給與保有,不易完全掌控。為此,組織都會想盡辦法安定人事,以美國矽谷為例,優秀人才是各家企業爭相延聘的搶手貨,常常好不容易培養出一個可堪重任的人才,轉眼又被別家企業挖走;行情看俏的人才,也常常遊走於各家企業間,隨著身價水漲船高而樂此不疲。於是乎,美國矽谷有些企業為了留才,除了一般該有的福利外,更想辦法進一步提供契合員工需求的福利,諸如在公司設立各種休閒區、健身房,以及淋浴設備,讓員工在運動完後,還可以沖個熱水

澡，精神百倍的再回工作崗位上繼續奮戰。甚至還有公司聘請按摩師進駐，隨時隨地可以為員工「馬兩節」，讓員工達到放鬆身心的效果。其餘諸如提供免費的咖啡、點心，以及衣物送洗等服務，也屢見不鮮。企業如此這般地絞盡腦汁，無非就是希望員工能夠牢牢地「定著」在公司裡，不要三心兩意，見風轉舵。

人資供需矛盾的調整方法，就要看是供過於求，還是需求大於供給，如果是需求大於供給，那麼就可以鼓勵員工加班、僱用兼職或臨時人員、遞補計畫、業務外包、內部招募、內部晉升、外部招聘、接班人計畫、技能培訓（訓練或再訓練）等方式來因應。但如果是供過於求，常見的人力過剩調整方法，如鼓勵提前退休、人事凍結、增加無薪假期、裁員（最無奈，但是最有效）、遇缺不補、縮減工時、實施工作分擔制、減薪、鼓勵自願提早退休、鼓勵離職、降級等。在處理過剩人力方面，裁員是不景氣時，企業求生的消極經營手段，但一味地短視近利只重人事成本的刪減，缺乏整體性的人力策略，或可為公司帶來短期利潤改善效益，卻可能引發員工對組織信任感喪失的運作危機。同時，應有相對的配套措施，避免造成劣幣逐良幣的效應，及工作鏈失衡的現象。

有兩點新的趨勢值得一提，一是降低成本，另一是急速高齡化。前者已蔚然成為職場中一股新興潮流，目前全球仍在進行「Cost Down」（降低成本），台灣也無法抵抗這股潮流。於是，低薪資的開發中國家，搶走薪資高國家的工作；低薪資的年輕人，取代較高工資的中壯老年人，都是這個時代的新趨勢。

新趨勢之一就是企業節省人事成本、精簡開銷，因此人力派遣服務就應運而生。這是當企業需要增加非核心人員，或是短期人力短缺時，因而向派遣公司提出人力需求，由派遣公司負責招募、篩選，再經企業複試核

可後，派遣適職人才即可至企業任職，派遣公司則負責人員的出勤和薪資管理。人才派遣的業務，提供讓企業主能夠更彈性地運用人力和精簡固定人事成本，並且能更致力於培養核心人才，以提升企業的競爭力。目前沃爾瑪（Wal-Mart）百貨公司、麥當勞、肯德基、星巴克及 UPS 等知名大企業，皆將工作機會委託人力派遣公司進行招募。

另一項趨勢為衝擊社會及經濟生產的人口急速高齡化，這已成為企業管理層面的挑戰。企業應變的方式為：

一、設計彈性工作

企業可以設計具選擇性及彈性的工作方式，來留住有價值的員工，並藉此讓員工減緩離開職場的衝擊。沃爾瑪（Wal-Mart）的子公司艾斯達（ASDA），就曾為大幅降低人力短缺的問題，給全職及兼職的員工，提供彈性上班時間、優惠的保健及牙醫服務、退休金計畫與給薪的休假等。

二、建構營運知識庫

保留員工的關鍵知識，最好的方法是，進行知識管理，並透過訪談、記錄保存員工寶貴的產業經驗、商業洞見，再將其加以模組化與文件化；也可以實行「導師制度」，讓資深員工輔導新進員工，傳承技能與企業文化。例如：世界銀行（World Bank）即把一些參與過大型專案的員工，將其經驗和訪談錄製成影片，透過企業網路以及製成影音光碟，讓其他員工分享經驗。

組織、領導、激勵

有效的領導與激勵，能帶出敬業的員工。

敬業的員工，可以用3S（Say、Stay、Strive）來表示。

Say：員工為公司說好話。

Stay：員工有很強的意願，留在企業內工作。

Strive：員工承諾並付出額外努力，為追求企業的成功而努力。

一隻小豬、一隻綿羊和一頭乳牛，被關在同一個畜欄裡。有一次，牧人捉住小豬，牠大聲號叫，猛烈地抗拒。綿羊和乳牛討厭牠的號叫，便說：「他常常捉我們，我們並不大呼小叫。」小豬聽了回答道：「捉你們和捉我完全是兩回事，他捉你們，只是要你們的毛和乳汁，但是捉住我，卻是要我的命呢！」

無論人資部門的主管，或企業的領導人，都應該瞭解企業不同單位的立場與利益，才能有效的引導，共同達成組織的目標。

第一節　組織結構（Organizational Structure）

組織（Organization）是一個與環境互動的作業系統，為達成某種目標，由兩人或兩人以上組合而成。所以基本上，組織是目標導向的，因此，人力資源部門必須設計出，達成本企業目標的組織架構。組織結構乃定義組織的工作，應該要如何被正式地分工、分組、協調、與設計，使目標能有效率的完成。組織架構的正確與否，嚴重影響組織戰力的發揮，與目標達成的效率。

就企業組織而論，在組合不同資源，以創造出更具價值商品的前提下，通常的目標有，財貨與服務產出更具效率；促進創新；利用現代化的資訊科技；適應、甚至影響不斷變動的環境；為雇主、消費者、和員工創造價值；容納多元化、倫理、員工動機與協調等各種挑戰。為達成這些目標，在設計組織架構時，應考量到六項主要因素：分工；部門化；指揮；管理幅度；分權與集權；正式化等。但是在設計時，也會被六種因素影響，這些因素是：策略；規模；環境；技術；組織成長階段；主管成就的需求。

部門化是組織結構中，重要的原則。所謂部門化是指，透過邏輯安排，將工作分門別類的過程。企業最普遍的部門化，是功能部門化、產品別部門化、顧客部門化、地區部門化、流程部門化、多重部門化及矩陣式部門化。就人力資源進行企業組織架構時，人資主管必須接受該公司，總經理的指揮與領導。就人資部門所建構的企業組織種類，大致有以下六種。

一、簡單組織

這種組織是分工和正式化程度較低，但集權程度相對較高的組織。所以領導人的智慧與經驗，絕對會影響這類型組織，能否達成目標。領導人的方向一旦有誤，可能全盤盡墨。

二、功能式組織

以專業分工的方式，在組織內區分為幾個功能單位。譬如在總經理之下，有生產、行銷、人力資源、研發、財務管理等單位。在權力以及指揮明確下，應可發揮很大的效率。但是部門之間的溝通與協調，常會出現問題。

三、事業部組織

組織內有不同的事業部門，為因應不同的市場競爭，因而授權給各事業部門，並負責盈虧的責任。也因為要負責盈虧，所以各部門為達成所企圖的目標，有可能為了爭取內部資源，而產生惡鬥的現象。

四、策略性事業單位組織

將共同策略性的事業部門，合組為一個單位，以發揮綜效。譬如，台灣金控是由台灣銀行、台銀綜合證券、及台銀人壽保險公司等策略性事業單位，合組而成。

五、矩陣組織

現代的企業，為了因應組織跨區域與專案（項目）的需求，衍生了異於傳統，只以功能別方式運作的「矩陣組織」。稍具規模的組織，大多都屬於矩陣組織，組織中的成員，至少都要受到來自兩個向度的管制。在執行「矩陣組織」的管理架構時，常會遭遇的問題是：（一）管理權責不夠

明確；（二）員工績效評估權不明確；（三）員工必須同時面對兩位以上主管的指令，讓員工在判斷優先順序時，產生更多的壓力與挑戰；（四）行政主管與專案（項目）主管之間，可能對於員工有不同的觀點，會增加更多的管理成本與人力資本；（五）若是跨區域或跨越國家的矩陣組織，所造成的管理混亂，因而產生的成本代價，將會更高。

六、無界限組織

不以傳統組織結構的界限，來定義或限制的組織設計。將員工組合起來，完成核心過程（Core processes），以提高組織因應全球化市場和競爭的能力。譬如，網路組織（Network Organizations）、學習型組織（Learning Organizations）、無障礙公司（Barrier-free Corporation）、模組公司（Modular Corporation）、虛擬公司（Virtual Corporation）。

隨著網路技術，及組織內資訊技術的發展，傳統的層級組織結構，已受到挑戰。現代組織正在向著組織層級減少，扁平化和開放化的方向發展，以團隊合作為基礎的組織和管理形式，正在興起。通過充分授權、民主管理、自我管理等管理方式，培養和管理，有利於組織知識創造、整合，和利用的團隊，是現代人力資源管理發展的方向。

第二節　領導

「領導」一詞就字面而言，是指「引導」或「明示工作方向」的意思，也就是引導團體成員，向目標的方向前進，期能達成共同目標。所以「領導」的核心意義是，如何影響組織成員，去完成目標的能力。只有因人制宜，選擇正確的領導方式，才能使員工充分發揮能力，去完成所交付的任務。領導風格會直接影響部屬績效、士氣，所以人力資源部門可以提

供各層級的主管，如何透過專業、人際、法治及利害（獎懲）等，領導的相關資料，進行最有效率的領導。

世界變動得愈來愈快，領導者需要及時反省本身的信念與定見，並不斷思考，選擇對組織，最有利的回應方式。在帶領組織成員達成目標的過程，需要有相關配套的工具。這些工具更白話的說，就是約束與誘導的力量。基本上，領導的力量來源，主要有五種，1.法定力量：正式的力量，有權力要求部署完成相關目標；2.獎酬力量：掌握給予、不給予的力量；3.脅迫的力量：使人受到生理、心理的脅迫；4.參考力量：基於認同、模仿、崇拜；5.專家力量。至於領導的型式，則沒有所謂的對與錯，重要的是能因地制宜，因人制宜，而使任務順利完成。一般來說，領導的型式，有以下四大類：

一、命令式領導

命令型領導的特色是，具體工作分工，明確職位職責、工作規範、工作標準，讓員工瞭解每天上班，應做的工作內容、完成時間，對他們完成的工作定期考核，並且這些考核結果，要與獎金、年終獎金掛鉤。這一類的領導，主要是針對成熟度很低的員工，也就是那些工作能力低，承擔工作責任意願也低的員工。

二、說服式領導

說服型領導的特色是，職責明確、工作規範、工作標準，而且有定期檢查考核。領導的側重點是，溝通與指導並重！透過溝通，以強化工作意願和工作熱情，掌握工作的特點，同時也安排有經驗的專業人員，對他們進行即時的幫助。這是屬於說清楚、講明白，使下屬領會領導者的意圖，同時又激勵部屬的領導。

三、參與式領導

領導者行分權制，重大決策皆由部屬的會商，或討論後決定。這種在下決策前，讓員工參與決策，部屬意見得以充分說明的方式，可以使領導人避免可能出現的盲點，又可以讓部屬有參與感。如此比較能讓組織，有同心同德、同舟共濟的共同體感覺。在執行時，員工因有參與，所以也必較不會出現執行偏差的情況。

四、授權式領導

授權是賦予下屬，使其充分任事，臨機應變的權力，此舉能發揮員工潛能，鼓勵並支持部屬，獨立思考。而有別於透過層層的上報於上級，再請上級逐級下達指令，來指示部門的行動。很多時候，這個請示的過程、循環，太耗時費力，沒有效率，甚至失去商機，或破壞公司形象。譬如，客服部門一旦發現問題，如果逐級請示，等到指示下來，消費者可能變成投訴者，顧客關係也不用再管理了！所以組織許多部門，它是需要被授權，才能當機立斷，臨機應變。

根據授權希望達成的目標，主要可以分為兩大類，一類是為了完成某項工作而授權，另一類則是為了培養，和發展員工而授權。在第一種情況中，要達到成效，員工必須知道主管所要求的成果，並且有能力瞭解和完成任務。在第二種情況中，員工不一定是最有能力完成任務的人。但是卻是適合接受挑戰的人。主管授權是為了讓員工，從中獲得經驗和知識，提供成長的機會。主管必須花費一些時間和心力，協助員工成功地達成任務。

五、道德領導

道德領導又稱「倫理領導」（Ethical Leadership），係指領導者對自

我高度要求，並致力提升個人的道德修為，發揮對成員潛移默化的影響力，進而建立自身的義務感、責任心與正確的價值觀，使成員自動自發為組織目標奉獻，促進組織的永續發展。

根據管理金字塔（Management Pyramid）組織管理階層，大約分為三級，高階、中階、基層管理者。其中高階領導者的領導型式，會直接影響到中階、基層管理的領導方式，所以組織高層的領導，對組織發展極為重要。高階管理者主要注意公司的方向（Direction）、策略（Strategy）、領導（Leadership）、效率（Effectiveness）和哲學（Philosophy）。他們主要任務為，描述組織願景、建立組織共同價值與理念、將機會事業化、帶動創新與風險評估，與領導全員實現願景。但不論選擇哪一種領導型式，都要因人制宜，特別是因應部屬經驗、技術和自信的差異，所發展出不同的相處之道。

第三節　激勵

激勵是透過誘因，使人們採取特定行動的過程。這個在名詞的意思是動機（Motivation），當動詞則變成激勵。顯然激勵與人的心理層面，有極為密切的關係。

我覺得有個真實的故事，可以讓大家思考，領導人應該如何激勵？馬偕博士是加拿大人，為什麼要遠赴千里之外的台灣，在醫療、教育、文化、農藝與公共衛生等方面，對台灣付出極大的貢獻，是外交或政治的原因嗎？或是金錢名譽的激勵？當時他最被稱道的，是醫療服務！因為他醫治了無數的民眾，使許多台灣人，免於病痛的折磨。其中廣為人知的圖像是，在路旁、在廟前，為人免費拔牙。同時他還積極研究如何預防瘧疾，

以降低台灣人相關的威脅。為什麼他要將三十年寶貴的歲月，無私無我的奉獻給台灣？甚至把命給了台灣！最後在 1901 年 6 月，安葬於淡江中學校園裡的墓園。究竟是什麼激勵他？如果可以瞭解、掌握激勵這人背後的因素，無論是企業的領導人，或人資部門的相關人員或主管，就可以將此因素，注入到企業制度中，使企業成長茁壯！

以下有十一種激勵理論，這是學者所提出，但運用之妙，存乎一心！

一、需求理論（Need Theory）

Abraham Maslow 的需求層級理論（Hierarchy of Needs），是最著名的激勵理論。它假設每個人均有五個層級的需求，分別為：（一）生理需求。（二）安全需求。（三）社交需求。（四）尊嚴需求。（五）自我實現。在某個層級的需求達到相當程度的滿足後，才會再追逐其上一層級的需求目標。所以，若想激勵某人時，必須先瞭解他目前停留的需求層級，再設法滿足該層級，或以上層級的需求。

二、X 理論（Theory X）

此種激勵理論認為人性，是厭惡工作，且想逃避工作的！因此強調必須對員工，強迫、控制、懲罰，及組織的嚴密控制。組織也必須有效的掌握經濟誘因，以誘導成員，朝著高效率的組織目標邁進。

三、Y 理論（Theory Y）

人是性善的，人不是禽獸，不必用鞭子在後面抽打。人也不是天生厭惡工作，實際上，人會自動的去工作，且是有想像力的，只要給予適當機會與幫助，員工潛力即可發揮。因此，鼓勵比懲罰更有效，報酬也不僅限於物質部分。

四、平衡理論（Balance Theory）

其核心精神是，工作的努力成果，是否有被公平對待。有與無是關鍵，如果有，員工會繼續保持此努力。若是員工覺得工作報酬太多或太少時，員工會自動採取「平衡」的措施。主要五種措施如下：

（一）改變工作的投入量：員工會自動降低工作努力的程度。

（二）改變所收到的報酬：員工會要求提高。

（三）離開：員工會辭掉工作。

（四）改變比較的基礎點：員工會與不同的同事做比較。

（五）在心理上扭曲這種比較：將它合理化，員工視不公平為短暫的，未來不久即可解決。

人力資源部門可以給予員工，正確的認知，讓大家都認為是公平的。

五、目標設定理論（Goal-Setting Theory）

這是 1960 年代末期，Edwin Locke 所提出來的看法。他認為個體為了特定目標，努力的企圖心，是激勵其工作的主要動力來源。也就是說，明確的目標，可以讓員工瞭解什麼應該做，及必須付出多少努力。目標設定理論的理論要點，主要有兩個部分：（一）為達到目標而工作，是激勵的來源，特定且具有挑戰性的目標，更是激勵的主要力量。（二）當困難的目標被接受時，會比容易的目標，獲得更大的績效。根據此理論，人力資源部門若要激勵員工，各部門在年度開始，或專案計畫開始之際，都應該有一個具體明確的目標，使大家奮鬥都有方向與成就。

六、阿爾德佛 ERG 理論（Alderfer's ERG Theory）

耶魯大學的阿爾德佛（Clayton Alderfer）將馬斯洛的需求層次理

論加以修訂，並將之簡化成三種類別：生存（Existence）、關係性（Relatedness）以及成長（Growth），簡稱為ERG理論。

（一）E 是指生存的需要，即所有各式各樣的生理及物質的慾望，可與馬斯洛的生理需要及某些安全需要相比。

（二）R 是指關係性需要，是分享思想及感情的慾望，此一需要類別與馬斯洛的安全、社會與某些自我尊榮需要相似。

（三）G 是指成長需要，是有關人的發展與自我實現。即人努力工作，是因人有創造性的需要。

七、赫茲伯格雙因素理論（Herzberg's two-factor Theory）

雙因素理論是由赫茲伯格所提出的，他經由研究發現，讓員工感覺工作滿足，或不滿足的因素，是不相同的。能帶來職位上的滿足，如工作上的成就感、受到賞識、肯負責任、進步、成長、升遷等，赫氏稱其為激勵因素。另一種則是保健因素（Hygiene Factor），這是指此類因素本身並沒有激勵作用，卻能預防組織成員的不滿，譬如，金錢報酬、工作地位、工作保障、工作環境、督導方式、公司政策、人際關係等。保健因素是存在時，不會感到不滿足，但是缺乏時會造成不滿足。建議先提供足夠的維生因子，再運用激勵因子，以提高其工作動機。

八、三需求理論

由麥克里蘭提出了三需求理論（成就需求、權力需求、親和需求等），高成就需求的人，偏好挑戰性適中的任務，而好的管理者通常權力需求較高，而親和需求較低。

九、期望理論

期望公式表示為：動機＝目標價值×期望值×工具性

激勵乃是在於完成某項目標，所實際獲得的報償，或其自覺可能獲得報償的結果。

（一）「工具性」是指能幫助個人實現的因素，如環境、快捷方式、任務工具等。

（二）「期望值」是根據過去經驗，判斷自己達到某種目標的可能性。

（三）「目標價值」是指達到目標，對於滿足他個人需要的價值。

十、注意與關懷理論

在 1927 年 1932 年間，美國西方電氣公司的霍桑廠（Hawthorne Works of the Western Company），進行工作條件與生產力關係的研究。研究者發現照明強度的增強與減弱，似乎對工作成果沒有差別。明明照明增強，應該提高生產力，照明減弱應該降低生產力，可是結果卻沒有差別，為什麼會這樣？主要關鍵在於受試者知道，自己已成為觀察對象，而不敢稍有懈怠，甚至更加倍努力。「霍桑效應」的實驗研究發現，欲提高生產力，除注重古典的工作環境、工作方法與薪酬制度等激勵外，注意與關懷，也是不可少的！

十一、大愛

除了以上常見的十種激勵理論，其實大愛也是不可忽略的激勵源頭。譬如，喜樂保育院是美國籍的瑪喜樂女士（又稱二林阿嬤），於 1965 年創辦專門收容小兒麻痺症兒童的地方。她賣了美國的房子，一生奉獻給這群素不相識，也無血緣關係的小兒麻痺症兒童，一直到死！她的墓，至今仍在育幼院裡！前述的馬偕博士，也是如此！是什麼激勵他們，使他們願意如此犧牲奉獻？我認為基督捨己的大愛，在他們心裡，一直激勵著他

們。這種感人的激勵，使他們願意放下一切，一生奉獻，永不回頭！

第四節　高階人才管理制度

在全球化的激烈競爭中，人才已成為企業能否勝出的關鍵。這裡所謂的「人才」，是指有能力對企業或組織，現在及未來的績效，做出重要貢獻的人。現在高階人才尤其難尋，譬如，宏碁在 2013 年虧損百億，最後不是青年才俊出來，而是由老將施振榮掛帥；在半導體動見觀瞻、舉足輕重的張忠謀，年事已高，但還要持續領軍，為什麼？高階決策人才的不足，可能也是原因。因此高階人才制度的管理，也是人力資源裡的重要議題。

高階人才管理制度的建立，應注意的範疇包括：人才吸引與招募（包括社會新鮮人、有經驗的工作者、現有員工）、人才激勵與留置（整體獎酬與特別獎金）、人才發展（專業能力發展、評鑑中心、核心能力）、領導才能發展（短期 / 特別任務指派、高階指導、跨功能 / 部門輪調、跨國海外派遣機會、快速晉升管道）、績效管理（才能管理與發展、高挑戰績效目標設定與績效回饋、特別回饋機制）、人力規劃（人才市場供需分析、關鍵人才能力預測與培養、人才需求分析）、組織文化（企業價值觀、彈性的工作環境、多樣化活動、內部溝通管道與機制）等。

在市場爭取高階人才的競爭下，造成企業面臨大量人才的流動。內部高級人才跳槽到其他公司，就有可能出現與原公司進行競爭；嚴重的，甚至帶走公司重要商業機密，有的連客戶都被拉走。所以台積電控告前研發大將梁孟松，跳槽到韓國三星；宏碁在義大利法院，對蘭奇轉任聯想電腦採取法律行動。企業除了簽訂勞動契約，以及掌握「反不正當競爭法」及

相關商業秘密法，以保障自身的權利外，吸引、激勵和保留人才，才是根本之道！

　　IBM 以兩種股票期權，來爭取人才。一種是給予高層管理人員，另一種是給非高層管理人員。高層管理人員是指 IBM 全球 3,000 名管理人員，占整個員工總數的 1%。非高層管理人員，主要指中層經理和專業技術人士的專業技能。股票期權具體規劃的主要內容，至少應涵蓋以下項目：受益人的範圍、股票期權的數量、股票期權的分配方式、股票期權的贈予時機、股票期權行權價格的確定方式、股票期權行權的有效期、股票期權的轉讓規定、股票期權的結束條件、股票期權的行權和交易方式、股票期權的行權時機、股票期權有關的稅收規定、公司對股票期權的具體管理。股票期權規劃是一個很大的專案，一般可以透過企業內部設立的薪酬委員會，專門負責這項工作，或聘請熟悉薪資制度設計及激勵制度設計的顧問，共同參與規劃。

　　其實對於還在為溫飽奮鬥的低階員工，薪資與紅利，真的很重要。但年薪數百萬、數千萬或更高的人，股票期權就不是那麼重要。根據馬斯洛的需求理論，此時這些高階人才，已到了自我實現的階段。企業若有理想，能造福人群社會，對外有好的道德形象，對於爭取高階人才，必然產生重大效用。反觀全球封測大廠的日月光，拿了國家幾十億的租稅優惠，卻偷設暗管，嚴重汙染河川與農地。這種缺德的廠商，若是與另一個企業道德形象好的廠商相比，兩者都在爭取，您說這高階人才會往哪裡去？所以人力資源部門，除了針對人力資源的專業管理之外，如何提升企業的道德形象，是不是也很重要！

第五節 新世代員工的管理

新世代員工指的是，現在二十幾歲的年輕人。有人說他們是抗壓性差的草莓族，但也有人認為，他們很有創意。但無論他們是什麼特性，這群人已逐漸成為職場工作的主力。因此人力資源的主管，如何在徵選招募，工作訓練和職涯規劃上，來協助這群年輕人，已是刻不容緩的當務之急！

新世代員工重視上班氣氛、休假，重視當下，遠勝於長遠未來的不確定。他們勇敢地選擇體驗人生，而非死守舊有常規道路的人生態度，也經常給組織管理，帶來衝擊與改變。新世代從小生活在，虛實相間的世界裡，因此能夠快速地傳遞時尚流行語彙，因此其職位若得面對科技工具，常顯得應用自如；但若是回到現實環境裡，往往又將網路互動模式，套用到現實生活中，充分顯示出不同的行為模式與價值觀。因此在管理上，瞭解員工的差異性、善用不同的能力及專長、增加工作彈性，以發揮員工的潛力、打造未來競爭優勢，是必要的課題。

以上市公司遊戲橘子為例，本身是非常扁平化的組織（強調專案式的矩陣架構），員工平均年齡二十六歲，同仁習慣直接以名字稱呼主管，每位員工可以直接以電子郵件，寫信給董事長，互動間沒有壓力。而且還可以彈性上下班，卻不用打卡，完全目標管理，上班時間可以隨時離座玩耍（公司提供免費大型跳舞機、正在興建員工休息室和 160 坪健身房、提供咖啡和點心）。這些無非是希望提供創意者，一個愉快的工作環境。對於新世代的員工的管理，遊戲橘子所提供的經驗是，四方面的管理型態。

一、扁平式管理

發現任何問題，或有任何創新點子，均可直接與經理、科長或課長

溝通，無需透過各項職級，再傳達消息至高層。透過跨部門及組織進行溝通，有助於激發創意及想像力的發揮。

二、目標管理

「目標管理」是掌握工作進度，不可或缺的重要環節，但過去強調權威、制式規範、效忠上級的管理方法，並不適合新世代。較佳的方式是，按進度及時程切割成不同的單位，依照分工進度逐一檢視。透過各種小單位分階段地達成目標，可逐步累積成就感及自信心。若未能達成目標，宜依照實際情況適度地調整進度，使新世代跟得上公司的腳步，並適時給予包容犯錯的空間，讓目標管理成為協助提升技能的良好指標。

三、以激勵代替責備

新世代成長於少子化社會，擁有家人滿滿的愛，他們的心格外敏感，責備無疑是一種無形傷害，不妨多用肯定的言語表達真誠關懷，可於無形中增進信心及行動力。所以鼓勵是主管面對新世代相處，不容小覷的關鍵。

四、強化道德

這群新世代的勞工，從小學到研究所，主要強調的就是專業，因此對於新興科技與事務的接受度較高。但相對的，在缺「德」教育的體制下，極容易產生熱衷功利，結果在德的部分，似乎有所欠缺。譬如，商業信用或其他商業道德。公司應該在新進人員訓練時，應該要特別強調！

第六節　如何管理派遣員工

所謂「人力派遣」，是一種新興的工作型態，是派遣公司、派遣員

工（人力資源）與要派企業（用人單位），三方以勞動關係、工作關係、合約關係互動的鍊接模式。這是目前人力資源管理上，出現一個較特別的現象。一方面，企業為了提升管理彈性，減低固定成本，大量雇用派遣員工。但是另一方面，雇主又希望這些低成本、無固定工作的員工，表現與固定員工相同或是更好的表現。由於派遣員工和要派事業單位之間，並無聘雇關係，而是由派遣事業單位和要派事業單位之間，所簽訂的派遣契約。所以在管理之際，有別於一般組織的員工管理。

一、人力素質的確保

在招募之初，企業就應要求人力派遣公司，針對派遣人力的篩選、教育訓練、確認工作期限、工作地點內容，以及簽訂派遣確認書，以確保人力基本品質。

二、遊戲規則要說清楚、講明白

招募時，公司一定要充分溝通勞動條件，對於臨時員工，在工作上的期望與要求，以及應徵者對於這份短期工作的想像、希望從中獲得什麼。要派企業清楚知道後，在領導時，才比較能提出激勵與誘因，使這些派遣員工戮力達成使命。至於工作上該知道的資訊，派遣員工知道得越多越好。如此，他們才越能融入團隊、順利完成公司交付的專案。

三、新人訓練不可或缺

公司一定要舉辦派遣員工的新人訓練，利用訓練時間，介紹工作環境、企業文化、上班時間、休息管制、懲處與獎勵規定、佣金的算法，以及哪些物品能使用、不能使用等等。

四、一視同仁

如果希望派遣員工，對公司的承諾與付出，能和正職員工相同，就

應該對他們一視同仁,將他們視為團隊的一員。千萬不要刻意區隔臨時員工,讓他們在辦公室裡有「次等公民」的感受。例如,公司的慶生、下班後的社交活動,有時也不妨邀請派遣員工參加。

五、適當的輪調、賦予挑戰性工作

根據國外的調查,有 70% 的臨時派遣人力,都希望能轉為正職員工。因此,派遣員工在邀派企業中,常常有因急於表現、而做出超乎分內工作的狀況,這是人之常情。若能給予機會,從中挑選優質人員,必然可降低招新人的成本。

不論是歐美各國、鄰近的日本、南韓,或是我國,派遣勞工確實逐漸成為,勞動市場中的一股趨勢。雖然派遣員工常擔任,企業非核心的職務與工作,如行政祕書、助理、總機接待、電話行銷、電話客服……等等。但實際上,每一項工作或多或少,都會涉及到公司的機密,只是機密層級高低不同。所以不要忘了,在派遣員工進入企業時,人資部門必須和派遣員工,簽訂保密切結書,以保護企業的營運。

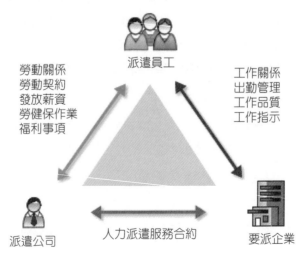

派遣員工

勞動關係
勞動契約
發放薪資
勞健保作業
福利事項

工作關係
出勤管理
工作品質
工作指示

派遣公司

人力派遣服務合約

要派企業

員工招募與甄選

招募人才，首先應先找到對的人上車，要求不適合的人下車，再決定要做什麼。企業在選才、招募人才的過程中，常見的兩大挑戰是要認出，「聰明但不會做事」以及「會做事但不聰明」的人。用了這兩種人，企業都會很困擾。「聰明但不會做事」的人，往往不切實際。「會做事但不聰明」的人，則可能做出許多蠢事。

有一個很特別的廣告，情景是「街上下著大雨，一名男子急著過馬路，衝到有雨傘的人旁邊，還踩到地上的積水！水花濺起，潑到有雨傘的人，而此時男子的雨傘，卻怎麼也打不開，從他身旁經過撐著傘的男女，會做何反應？觀察了好一陣子，試驗了好多次，大部分的人都無動於衷，甚至還帶有鄙視的眼神（因為男子突然出現而被驚嚇到，還有水花濺起被潑到了！）此時，有一個年輕女子，伸出援手，把傘伸出去，替他擋雨，說：我們一起走吧。」此時國泰人壽人才招募站出現，因為終於找到我們需要的員工！

　　企業的人力資源管理，除了在規劃階段之外，其執行層面主要是由招募程序開始。有鑑於組織運作常需要跨領域專長、經驗及不同學歷背景的人才，因此必須藉由對外吸收優秀人才，及對內留任績效表現傑出同仁，才能確保組織擁有傑出優秀的工作團隊。

　　招募人才的第一關，除了專業能力評估外，如何找到最合適組織的人，同時讓人才可以和組織成為共同打拚的夥伴，將是組織人才招募關心的重要課題。Jim Collins 在《從 A 到 A+》一書中，一再強調推動優秀企業，邁向卓越的企業領導人，首先應先找到對的人上車，要求不適合的人下車，再決定要做什麼。雖然也有學者認為應先考量企業總體任務與部門需求，但無論是哪一種看法，人才招募的確處於核心地位。同時一些求才若渴的大企業，已經體認到光是「等待主動應徵」的方式，來爭取人才的做法是不夠的。

　　招募（Recruiting）是介於人力資源規劃，和遴選兩項人事作業之間，它是指當企業有職位空缺時，企業運用不同管道、做法，來引起那些合於職位工作資格條件要求人員的注意，並能使其主動應徵這個空缺。簡言之，招募是組織為因應人力的需求，設法吸引有能力又有意願的求職者前來應徵的過程。設若前來應徵工作職缺的應徵者都是不合格的，那麼此招募活動便是失敗的。企業在選才、招募人才的過程中，常見的兩大挑戰是要認出，「聰明但不會做事」以及「會做事但不聰明」的人。用了這兩種人，企業都會很困擾。「聰明但不會做事」的人，往往不切實際。「會做事但不聰明」的人，則可能做出許多蠢事。兩種人來應徵，都與「聰明而且會做事」的人才不易區分。

　　企業在面臨人力需求時，常會透過不同媒介，以吸引那些有能力又有興趣的人前來應徵。在招募活動中，人資部與其他部門主管各有所司，但

也需要充分的合作。優質的招募活動，的確可以吸引更多優秀的人才前來應徵，使企業的選擇性更高。招募要做得好，就應由招募的規劃開始，經由詳細的策略計畫，以確定企業所需招募的地區、對象、方式、時機、訓練招募人員招募技巧，及確立招募期望之後，開始進行實際的招募活動，並在完成後，以招募成效評估及檢視成果。

有效的招募方法，應能在較短的時間內，吸引數目較多、品質較高的應徵者。要達此目標，就有賴具體完整的招募作業。完整的招募作業通常會將招募流程，分成招募規劃（Recruitment Planning）、發展招募策略（Recruitment Strategy Development）、進行招募活動（Recruitment Activities）及招募評估（Recruitment Evaluation）。這四個階段涵蓋：

一、蒐集及分析人才就業資訊；

二、運用人才資訊及管道；

三、建立外部人力資源關係；

四、確認求才單位條件與人數；

五、求才廣告或海報內容企劃；

六、應徵信函登記分類篩選；

七、面談通知與安排；

八、求才廣告效果統計與分析；

九、人員之招募與訓練作業等，九方面的事務。

在整個招募過程中，大家幾乎都將注意力，放在如何吸引應徵者，事實上，「商場如戰場」，競爭對手同樣可以由企業所刊登的廣告中，解讀出本企業的布局（例如：成立新產品事業處、組織上的變革等），哪些部

門群龍無首，以及不經意的暴露出企業所面臨的一些問題，而讓競爭者及早擬定策略回應。更可怕的是，企業刊登的廣告次數過於頻繁，也可能會誤導外界，以為這個組織人員流動率很高；有時同一個職缺一再地刊登，更會讓人揣測組織是不是存在著某些問題，為什麼過了那麼久都還沒找到人？

此外，常見的迷思，是過度強調每招募一名員工的單位成本（Cost Per Hire，以下簡稱 CPH）。儘管 CPH 重要，但絕不是最重要的因素。因為過度要求降低 CPH，其結果可能會使招募人員，匆促的做出錄用決定，以致縮短整個流程，也可能因為節省廣告費用，而沒有足夠的宣傳（或用於正確的管道），來吸引到合適的人選[1]。

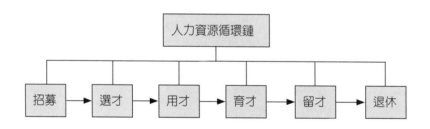

---

[1] 包括：a.內部成本──負責招募的人員的薪資福利，及所花費的時間，以計算其時間成本；b.外部成本──當面談發生於辦公室之外地點，所產生的招募人員的交通、食宿等費用；c.人選面談成本──人選因參加面談所產生的交通、食宿等費用；d.直接成本──刊登於平面媒體／網路之廣告、求才博覽會、獵人頭公司、員工推薦員工之現金獎勵等費用；e.其他──錄取居於外地的求職者之安家費，或者交通、住宿補助，及簽約金等費用。

第一節　一般人員的招募管道

　　人才是企業的命脈，關係企業的生死成敗。人才的缺乏，並不只是因為「分配不均」的問題，事實上還有「質量」上的問題，所以招募對企業，扮演極為重要的角色。招募方式應依據不同地區、文化，以及所招類別而有所區分。

　　企業在徵才時，基於特定的考量，會選擇不同的徵才管道，來達成目的。基本上企業在人員招募上，常用的兩種途徑，一種是從內部找出所需的人力來源，另一種是外部的人力來源。向外界尋求人力資源時，應同時考慮是否提供具吸引力的薪資條件，包含基本薪資、獎金、股票分紅，及多樣式的福利辦法，滿足員工各方面的需求。

　　從企業內部來擢拔人才，會讓員工有公平的升遷機會，而且也是最經濟、最低成本的方法，當然也可以自然擊破一些不實的謠言。不過當企業內部人才，不足以填補或不能滿足職位要求時，企業就必須向外界來尋求人力資源。

一、組織內招募

　　組織有幹部或某一階層人員離職，或是組織新設立部門，必須有人員來補充職缺時，組織事先可訂定內部培訓或擢升計畫。原有員工由於熟悉組織文化、制度及人員，故可縮短在新工作上的學習及適應期，同時也可能縮短訓練時間，並在較短時間內發揮生產力。就另一方面而論，組織從內部擢拔員工，必然是對該員工有清楚的瞭解（工作成果、處事風格）。此外，也能增進內部員工的的士氣與動機，因為這項生涯發展的機會，會讓員工感覺在組織工作，是有前途的！且晉升機會能導致離職率的降低、

工作滿意度的提高，以及更佳的工作表現。內部遴選的過程，應再加上過去績效考核成績、職務調動紀錄、訓練紀錄、主管同意書，及現有薪資等級等資訊等，一併列入考量。

以美國聯邦快遞（FedEx）為例，公司每個職位都有「預備隊」，其作法是將各個職位，先做好工作需求的分析，瞭解這個工作需要什麼才能、學歷或證照等，並將這些需求與標準公告周知。假設員工對地區營業主任的職位有興趣，就可以根據標準與需求進行準備，並向人力資源單位登記。當達到標準後，人力資源單位就會把該員，列為候選人。一旦職位出缺，就由該員優先遞補。自從有此內招制度後，公司離職率大幅下降，員工忠誠度也顯著提升。

透過組織內部的管道，所獲得的人才來源，招募方式可分為：

（一）員工推薦（Employee Referral）

這是透過員工介紹其親戚、朋友，然後由用人部門與人力資源部，共同進行選擇與考核。此方法的優點是，被員工推薦者傾向有較好的表現，並比經由其他方式所招募進公司的人，留在公司的時間更長。不過，此種方法可能因友誼、能力、工作績效而有所混淆，最後很可能忽略工作能力的考量，而產生負面的影響。同時也影響到公平就業的機會。

（二）工作告示（Job Opening）

是讓組織全體員工知道有哪些職缺，需要哪些資格條件，哪些人有資格申請，以及讓人知道整體甄選作業流程等。這種做法的優點是，增加公司內最符合資格者被納入考量的可能性；給員工為本身的事業發展負起責任的機會；使員工能夠離開舊有工作環境。缺點是有些員工，也許會在不清楚本身方向的情況下，去爭取一份工作；被拒絕的員工，也許會對公司

人力資源管理

産生疏離感。

（三）資格檔案（Qualification Inventories）

這是指人力資源部就員工個人檔案中，來瞭解員工的背景資料，譬如員工的經驗專長、年齡性別、特殊技能、婚姻狀況、教育程度、工作經驗與相關經歷。最後再從這些人中，找出符合此職位者。

（四）接班人計畫（Succession Planning）

接班人計畫即是，「對影響組織生存與發展的重要職務，應確保繼任者能充分的訓練與能力，使其個人生涯與組織發展是相符的」。接班人計畫的目的是用來確認組織，重要職位特定遞補人員的計畫。要真正承擔接班人職務，最好能在企業內不同職務、不同地區，都有一定經驗者為佳。

從原組織內徵調內部人員，儘管優點多，但是因長期和該公司的浸染，以致可能無法跳出原有的框架。

二、組織外招募

組織外的人才獲取，其招募的方式雖多，但大致可分為以下十三種方式。以台積電為例，公司將員工分為兩大類，一是主力人員，像工程師或技術員等，這群核心主力是由公司人事單位招募。另一類的員工，是負責行政之類的工作，這部分的人力資源是透過人力仲介公司提供。這些人雖在台積電工作，但並非其員工，而是人力仲介公司的員工，所以台積電不負責訓練及退休等費用，但一樣可得到工作效果。無論是透過哪一種方式，所得到的履歷表，都不能「用過即丟」，而是可以儲存起來，以便成為企業的人才資料庫。至於動見觀瞻的台積電領導人張忠謀，在 2013 年 12 月曾說，未來台積電的接班人，要「器大、識深」！

（一）校園招募

各大專院校通常會在畢業前夕，舉辦徵才博覽會（有時會和創新育成中心的成果展一起辦理），或與學校建教合作，得到相關人才。校園招募絕對不是臨時在草地上，擺幾張桌椅、大聲介紹自己，就會成功，尤其是知名度不高的中小企業，必須提早規劃。

（二）熟人推薦法

員工、客戶、合作夥伴等企業夥伴，針對企業職位空缺，提出自己看法。

（三）毛遂自薦（Walk-In）

毛遂自薦的招募方式，最常出現在薪酬、工作環境、員工關係，和社區活動參與度等方面，都享有良好名聲，較容易出現這種現象。

（四）過去應徵函

再去尋找過去所收到的應徵函，或從已離職的員工中，找到企業職位所需的人才。

（五）媒體廣告

廣告是最受歡迎的方法之一，但是不管選擇專業性期刊、雜誌或報紙，都涉及廣告媒體的選擇，以及廣告內容的設計。在報紙上的廣告，常依人選不同、版面大小、不同版的事先考量，如裝配員、辦事員可登地方版，經理人員則應登全國版或北市版，有些公司將形象廣告與徵人廣告一起刊登。

（六）收音機與電視

短時間播放，較不具長久性，因而使應徵者無法保存，不斷重複才可

使人有印象。其缺點是無法針對有意願者，且廣告成本高。

（七）刊登網路

使用網際網路的特性，來進行招募的優勢，主要有幾項，包括速度快、成本低、接觸範圍大、自主性等。因此許多企業就架設公司網站，或與其他入口網站連結，在網站中設定人才招募的網頁，進行長期的招募。網際網路幾乎改變了人才招募的方式和內容，目前各大網路求職網站，都是比較時效快的做法。網路上的廣告，應該比較偏向行政管理、專業技術方面的人才招募。透過網路徵才，有些需要付費，但也有些是免費的網站（如勞委會提供的免費網站）。但就大陸地區而言，個人電腦仍為一項奢侈品，再加上網路普及率並不高，所以一般地區進行網路招募，效果有限。

（八）企業主動拜訪

辦理或參加校園徵募的工作，或拜訪各種企業相關社團，一方面介紹企業，另一方面透過這些管道，傳遞企業招募人才的信息。

（九）職訓中心

公立職業訓練結業的學員，往往成為企業界炙手可熱的人才，而私立訓練機構結業的學員，對其專業素養要深入的瞭解，以免技術程度參差不齊。

（十）就業服務中心

其資歷以高中、高職（含）以下程度者為主。企業徵求基層人員、半技術工，可委託各地區就業服務中心。

（十一）挖角

對同業員工以較高的待遇，爭取所需人才，是不得已的做法，因為常容易掉入惡性競爭的漩渦。

（十二）委託專業機構

殘障機構就業輔導單位：依據「身心障礙者保護法」規定，民營企業僱用 100 人，至少要僱用 1 名身心障礙者，否則每月須繳一個月基本工資給政府；超過政府規定的僱用人數，企業可獲得回饋金。

（十三）專業機構

特別是對一些高階及專業人才的招募，譬如像青輔會，特別是海外歸國的碩、博士人才，也協助國內高科技廠商赴海外延攬人才，免費提供服務。

當組織決定要從外招募時，最好能對一般經濟條件（General Economic Condition）、當地市場條件（Local Market Condition），及職業市場條件（Occupational Market Condition）等進行預測，以掌握招募時所提供的條件。譬如，當一般經濟條件愈差，失業率愈高，人力供給也會愈多，而招募人員將更為容易。此外，透過以上方式所獲得的應徵者，建構完整資料庫，以備不時之需。此外，其他特殊的招募管道，還有手機簡訊（Short Message）、網際網路（Internet）、帳單信封（Bill Envelop）、舊履歷的再篩選。

第二節　招募成效

在評估招募成效時，所採用的指標不同，但其目的皆為企業，提供有

效評估招募成效的指標，同時藉由確實的評估，來提升組織的招募成效。有效的招募方法，應能在較短的時間內吸引數目較多、品質較高的應徵者。反之，無效的招募方法，則找不到組織所需要的人才。在招募與僱用員工作業上，從廣告費用、人力和時間投入，所需花費出去的成本頗高，有的組織甚至指出「僱用一個人，要花二、三十萬的成本之經驗」，而這還不包括後續的教育訓練費用。如果沒有遴選出優秀的人才，沒有達成應有之相對應的效果，則這些費用都將會白費，造成資源的浪費。

常見的評估招募成效的指標，譬如，新進員工的平均留職期間、新進員工的表現水準、平均每個出缺職位的應徵人數、合格應徵者的比例（經初步篩選後合格的應徵者人數／總應徵者人數）、獲得足額人才所花費的時間。事實上更細緻的評析，可將招募達成率、品質、效率及成本等，作為評判的圭臬。

一、招募達成率

招募人才時，評估招募成效最有效的方法之一，便是檢視其是否能從每次的招募活動中，順利填補職缺的數目。若能順利填補職缺工作，至少表示，已符合了基本要求。更深層的招募達成率，則包含招募到的人數、留在公司裡五年內的人數，以及每位新進員工的平均任職期間。

二、品質

包括招募程度的效度、新進員工的平均條件優劣、成功的新進員工比例、新進員工的表現水準、新進員工的生涯發展。為了決定工作品質，人事部主管必須根據長期及短期的指標來做決定。在短期方面，他們必須對應徵者工作的熱誠，做仔細而持續的觀察。在長期方面，他們觀察工作者的回饋程度及工作表現。

三、效率

雖然公司必須提供足夠數量及素質人力的組織，但是觀察他們的效率，尤其重視職位出缺的申請，被核准到填補完成所花的時間。如前所述一個追蹤評估效率的有效方法，勢將工作結束與已設定的工作計畫相比較，這將有助於決定工作，是否依照計畫進行，各種結果是否在預期之中。

四、成本

每僱用一位新進員工所花的成本，或填補每項職位所花費的個別成本、平均成本，也是衡量招募成效的重要指標。招募成本可依各種方法加以分析。計算僱用員工所花費的成本，可以展現企業的實力。

第三節　人才甄選

優秀的人才難尋，如何找到適合企業的人才難度就更高，儘管可以從一個人的學經歷背景、各式各樣的術科及智力測驗來判斷，然而是否合適企業本身就無法輕易得知。這是許多具有實務經驗的主管和人資人員，常見的煩惱。同時經過考驗脫穎而出的人才，若表現不佳，或短期內就離職的話，也會使主管或人資人員，被套上「識人不明」的評價，因此如何為企業選才，是非常關鍵的問題。根據美國管理學會對甄選過程的規定，第一要初步面談，第二要審查申請書，第三審查參考資料（重點在於是否達到要求標準，以及學經歷的真偽），第四舉辦考試或測驗，第五任用面談，第六人事部門與用人部門最後商討，第七、主管批准，第八體檢，第九派任工作。

人力資源管理

甄選是從合格的應徵者中，挑選出最可能具有稱職相關能力（職能）者的過程。職場上所謂的職能（Competency）是，「一個歸因群組」（an Attribute Bundle），它涵蓋兩大意義，一是描述員工工作時的特徵：知識、技術與態度（包括動機、價值觀、輔導、承諾、認知等），二是關於工作上的任務、結果及輸出，指在執行工作時的能力。

篩選正確的人員，進入企業是極為重要的事，藉由甄選活動裁汰不適任者必須審慎進行，而不是等人聘進來後，才藉由教育訓練等亡羊補牢的措施。學經歷、專知技能、個人特質、電腦技能及語言能力等，通常都是人資主管在篩選新人時考量的標準。其實學歷只是就業門檻之一，後續的經歷、工作態度，以及能力專業度，遠比學歷更重要。美國德州儀器前總裁暨執行長 Fred Bucy 曾寫過一篇文章「How We Measure Managers?」強調高階經理人甄選時，要看十大條件，包括誠實（Integrity）、冒險意願（Willingness to Take Risks）、獲利能力（Ability to Make a Profit）、創新能力（Ability to Innovate）、實現的能力（Ability to Get Thing Done）、良好的判斷力（Good Judgment）、授權與負責的能力（Ability to Delegate Authority and Share Responsibility）、求才與留才的能力（Ability to Attract and Hold Outstanding People）、智慧、遠見與洞察力（Intelligence, Foresight, and Vision），以及活力（Vitality）。

一、設計有效的甄選系統

如何在最短的時間內，準確有效地招募到符合企業需求的人才，是企業能否持續成長的重要關鍵。人才評鑑工具，可以幫面試者快速有效地過濾人才，甚至可以依照公司內最佳員工的標準，找到一樣優秀的人才。但測驗工具那麼多，要如何選擇有效的測驗工具呢？一般而言，有四項缺一不可的指標，是評估測驗工具的最好方法。

（一）信度

若所測誤差過大，就代表測驗工具可信度太低。這是指相同的一組人，在一定的期間內，做兩次的測驗所得的結果，一致性高是必要條件。

（二）效度

這是指該測驗是否有效，即受測後的答案是否真實、準確。衡量所有遴選方法，最重要的指標，就是預測效度（Predictive Validity）。如果預測效度愈高，表示愈能夠於眾多應徵者中，遴選出最符合企業需求的人選。根據國外做的統計，企業徵選人才如果用一般傳統的面試方式，效度有 0.45，也就是說 100 個人，透過人資主管個人的經驗法則，可以找到 45 個適合的人才，如果運用心理測驗，選才的效度可以提高為 0.55，但是如果企業運用評鑑中心協助企業選才，它的效度可以大大提高到 0.7 左右。

（三）鑑別度

是否能準確區別每個受測者的差異，若每個受測者做出來的結果，幾乎都是一樣的話，那麼該測驗的工具就等於無效。

（四）常模

這如同是拿某種標準，作為評估的尺度（Behavioral Rating Scales）。它是將個別受測者和所有受測者做比較，以看出其優劣。由於匯集許多人施測過的資料，可以形成一個「常模」，這項數據就具有參考比較的價值。

二、設計甄選流程

在實際甄選過程，常用的是初審或初談，進而評估應徵者履歷、測驗

或測試、複審或複談、背景調查、決定人選、核發聘書及體檢。要完成以上甄選過程，組織內部也要進行五項步驟。

步驟（一）

評估企業的工作需求，以決定出缺工作的職務內容，及員工應該要有哪些重要的工作能力。

步驟（二）

分析要做好上述職務（應達到的工作標準）必須具備的知識、技能及個人特質。

步驟（三）

決定要將上述的哪些知識、技能及個人特質，列為關鍵的甄選條件。但如具特殊性（太陽能鍍膜、銀行專案管理），偏偏應徵者又多未具備該技能，雖不適合列為甄選條件，若其他要件符合，仍可藉公司訓練課程加以培訓。

步驟（四）

為有效測量應徵者的特質及條件，應分別選擇具信度與效度的甄選工具。

步驟（五）

總合所有參與者的分數，然後透過公平的機制，來決定要錄取哪一位應徵者。

三、篩選重心

組織在徵才時，多半會依據本身的產業別和產業特性，對人選的資格有一些特定的要求。在篩選時，常見的方式有篩選履歷表（經歷、學歷、

專長、資格認證等四個主要項目構成）、申請表、筆試及口試面談等四種方法。篩選簡歷主要是分析簡歷結構、重點看客觀內容、判斷應徵者，是否符合職位技術和經驗要求、審查簡歷中的邏輯性，以及對簡歷的總體印象；篩選申請表是判斷應徵者的態度、關注與職業相關的問題、註明可疑之處；筆試內容可分一般性及專業性，不過筆試有優缺點，優點是可同時許多人參與，題目可包括知識技能及專業的試題，缺點是無法知道應徵者的口頭表達能力、外表及態度等能力。

四、甄選干擾

企業招募員工的目的，就是期望能在眾多的申請者中，招募到最適合該職位的人員。可是結果卻常常不能如願，這是因為會受到五項變數的干擾，這五項變數是：

（一）企業形象

企業形象是吸引人才的關鍵，設若企業形象很差，那麼優秀人才前來應徵的機率，自然就會減少；反之，則會很高。

（二）工作吸引力

任何一項工作若被視為是無聊、危險、令人憂心、低薪給或缺乏潛在升遷機會者等，那麼要招募到一大群具資格的申請者，是相當困難的。

（三）組織政策

組織內部政策的推動，會影響申請者對其評價，例如：組織內成員有優先升遷的機會，工作申請者可能會因為，不符合其生涯規劃，而不願前來應徵。

（四）法律與政治

政府所訂定的法律、政策時，會影響人才的招募。

（五）成本

招募人才也會耗費資源，所以組織不可能長期徵才，除非招募能夠有所回收，因為不可能長期間徵才，所以招募到的人才素質，可能會受此影響。

第四節　面　談

一般的人才招募工作上，除了以履歷表做篩選外，面談可說是最被廣泛使用的人員甄選程序。因為運用面談的方式，往往可以獲得許多履歷表或心理測驗，無法取得的資訊。面談可以細緻的觀察、瞭解應徵者，自古以來中國人即以觀察眼眸，作為鑑人的準則，因此即使再善於偽裝，眼神卻不易騙人。此外，對於應徵者外在行為表現（肢體語言），也可用來瞭解應徵者，獲得其他更多有用的資訊，譬如，進入面談室時，是不是一看到椅子就坐下；說話時眼神是否閃爍，不敢正面的接觸。所以許多組織人力資源的主管，認為面試是唯一可以衡量應徵者能力，和人格特質的方法。

面談者必須提供一些有關工作內容的資訊給予應徵者，使應徵者瞭解其應徵職位的相關工作內容，是否符合職涯發展，俾減少其未來錄取後的認知失調，而造成不適任或離職。組織在進行面試時，所採用的進行方式，通常以面對面的形式為主，現在也有部分組織為了節省成本，或其他的因素考量，改採以電話或 DVD 等作為進行的媒介，但最終獲取資訊的

目的，還是不變的。有鑑於面談選才仍會看錯的機率，更何況僅靠電話或DVD，因此是很危險的！

一、面試結構

面試結構由許多的構面所構成，其中最重要的構面是，面試問題使用和評估過程的標準化，除此之外，面試結構也應該要包含教育訓練、面試人員數目，和使用行為評估尺度（Behavioral Rating Scales）等其他構面上。在所有構成結構化面試的構面中，最基本的組成構面，就是詢問問題的標準性。面談可依據其結構化的程度來分類，將其歸納為結構式面談、半結構式面談、非結構式面談、壓力面談、情境面談。

（一）結構化面試（Structured Interview）

在預測員工未來工作績效的效果上，會比非結構化面試來得高。結構式面談是一種有計畫的面談方式，由面談者將面談內容與問題，詳細地定出來，且在面談中記錄應徵者的各項反應資料。在結構化面談中，通常所有的應徵者，都被詢問相同的問題；因此，結構化面談一般具有更高的信度與效度。

（二）半結構式面談

半結構式面談雖然也是一種計畫的面談；但面談者必須不斷從應徵者的回覆中，去驗證應徵者的各項答案。

（三）非結構式面談

非結構式面談是指在面談過程中，對應徵者並不預設任何立場，及應回答的問題，而完全以應徵者自由表達面談的方向及言論。

在非結構式的面談，應注意五件事：

1.不要提出只能答是或不是的封閉式問題；

2.避免暗示對或錯，譬如，應徵者答對時微笑；

3.避免質問應徵者，或用嘲諷等方式，讓應徵者陷入窘境；

4.不打斷談話；

5.傾聽應徵者回答，讓其充分表達看法。

致力於瞭解應徵者的態度及各項能力。

（四）壓力面談

壓力面談主要是尋找經理及含以上人才，所使用的方式。由於這個階層的抗壓性需要很強，因此使用非常特殊類型的甄選面談，來瞭解應徵者的抗壓性。面談的內容，故意讓應徵者產生焦慮、疑惑、挫折或憤怒的心理反應，而來觀察應徵者對壓力的忍耐程度，及可承受低或高壓力的程度。譬如美國居家用品公司（Container Store）在招募面談時，會在面談中，假設遇到不講理的惡質「奧客」，請應徵者來處理，以瞭解應徵者的抗壓性及危機處理能力。

（五）情境面談

情境式面談主要原理是，針對需求職務進行工作分析，尋找出「重要事例」，而後將這些重要事例，設計成與工作有關假設情境的問題，且完成合適的答案。

二、面談前的準備事項

（一）訂出特定的資格條件

閱讀應聘職位的工作說明書和工作規範，並明訂出適合擔任該職務的個人資格。最後依重要程度，挑出符合絕對必要條件的應徵者。

（二）資料的閱讀及準備

在與應徵者面談之前，應查看其求職申請表和個人履歷，尋找技術上、組織上或個人的創意，並注意任何含糊不清，或可能暗示應徵者優缺點的地方。

（三）面談方式

每位主事者的面談風格與方式，可能都不一樣，不過面談的方式應該依招募職位的重要性、工作情境的要求，與面談者的技巧，選擇更為恰當的面談方式。

（四）內容方式

面談的方式，依面談者人數多寡，可分為一對一面談及多對一面談。依應徵者人數的多寡，可分為集體面談及個別面談。此外，以面談進行時的氣氛來說，包括壓力式面談及討論式面談等。根據研究，以一對一方式所進行的結構情境化面談，是預測工作績效最有用的方式。

（五）面談內容

沒有結構、主題的面談方式，極可能遺漏判斷所需的資訊，故應將此職位所需特質、面談的主題等預先排定。問題的設計，以取得能夠評估工作條件的相關資訊為原則。所有同一職缺的應徵者，都必須適用同一套面談的結構與內容。

（六）評分標準

針對面談內容中所設計的問題，應給予一個客觀的給分標準，以使面對不同應徵者時，有相同的比較基準。

（七）面談時間

時間分配應事先籌劃，由於面談是持續性的，不宜中斷，故應事先將其他事情先處理好，以免被電話或其他瑣事干擾。

（八）考慮應徵者的便利性

要考慮應徵者的時間問題，才能決定面談時間。除了讓應徵者瞭解面談程序與測驗程序，也必須讓應甄者知道甄選過程與任用程序的時程，重要的是不要使應徵者等候過久。

（九）面談地點

以明亮、安靜，不受干擾為原則。如果主事者是男性，而應徵者當中多以女性為主，在面談進行的過程，若沒有第三者在場，最好也要將門打開，以避免可能產生的不必要困擾。

面談之後就是要進行評估工作，如從教育程度、工作經驗、知識技術等評估應徵者，「是否有能力擔任此項應試工作」；從興趣、價值觀、動機、誘因等評估應徵者，「是否願意接受這份工作」、「其人格特質適合本公司的組織文化嗎？」；從溝通能力、人際相處能力、個人性格等，評估應徵者「是否將來與他的上司、同事和部屬會有良好的契合度？」；以及最後再以「應徵者居住地家庭及其他因素對此工作的影響」作為參考。

員工訓練

基本上，訓練不應該是一個孤立的小系統，它應該是整個人力資源管理體系當中的一環。訓練應往上與「員工發展」整合，再往上與「績效評核」整合，再往上與組織「目標管理」整合。

美國加州迪士尼樂園中的一家餐廳（Napa Rose），大幅投資員工的知識與專業訓練，所獲得的回報，除了提高顧客的消費額（每位顧客的平均消費，從 50 美元增加到 70 美元），而且顧客的滿意度提高，餐廳與顧客建立良好的關係，顧客更可能再上門（雖然餐廳位於渡假飯店中，卻有三成的顧客是當地人）。此外，服務生獲得的小費增加，他們對工作更具熱忱與信心，間接促進了員工留職率。三年來，接受過訓練的 92 名服務生中，至今只有 3 位離職。

第一節 員工訓練意義與功能

傳統上將土地、勞工與資本視為生產的三大要素，在此典範中，視勞工為費用項目，費用愈低，附加價值才能提高。然而，新的人力資本理論，視員工與廠房、設備等相似，都是有價值的資本。企業的經濟效益愈來愈依賴知識與創新，知識作為資本來發展經濟的時代已經來臨，知識將成為生產因素當中最重要的一個因素。員工是知識的載體，因此訓練不是費用，而是重要的資本投資，更是組織競爭力的主要關鍵。故此，員工的培育發展，愈來愈受到重視。

一般來說，企業會實施教育訓練，通常是因為以下九大原因而進行。

一、提高生產力

公司投資員工訓練，讓員工成為具有知識的專業工作者，之後，員工更有能力替公司帶進營收，公司的投資便有了報酬。所以組織應建立系統性的訓練與發展制度，持續地在工作中及工作外，提升員工的能力，使員工不但能夠勝任目前的工作，並且有能力承擔未來更多、更重要的工作。由於訓練可縮小能力供需差距，使員工達成或超越工作目標，提升生產力與工作績效，所以能達成組織經營目標，同時又能達成員工發展目標。基本上，訓練不應該是一個孤立的小系統，它應該是整個人力資源管理體系當中的一環。訓練應往上與「員工發展」整合，再往上與「績效評核」整合，再往上與組織「目標管理」整合。此外，為避免「彼得原理」的出現，需要給予異動的工作人員，適當的訓練，使其能擔任更高階的任務。例如：企業內常對新進人員舉辦新人訓練，或針對新任主管舉辦管理訓練。

二、激勵士氣

當員工能力足夠,績效卓著時,就可能獲得晉升或升等的機會,達成員工個人的前程發展目標。因此,教育訓練除了可提高員工知識、技能及態度之適應,亦可凝聚對企業的歸屬感,並提高員工士氣,達成提升經營效率和培育人才的目標。

三、解決問題

在企業的業務經營過程中,因發生新的狀況或新的問題,需要新的技術,因此,對特定的工作人員進行適當的訓練,以配合業務的需要,加強其工作能力。例如:某個彩色濾光片公司,因面板產業垂直整合,而使公司訂單大幅流失,針對此危機,公司可能規劃實施一「企業危機預防、危機處理及危機溝通」的訓練,以改善目前所碰到的問題。

四、因應變革

企業經營環境及狀況瞬息萬變,許多企業的失敗,乃導因於應變太慢或缺乏應變的能力。教育訓練在企業中,可扮演導航員的角色,在未來混沌不明之時,敏感的察覺趨勢的變化,透過適當的訓練活動,協助個人及組織轉化應變。例如:為提高品質而引進新技術,如資訊化、電腦化,或新穎的管理方式(如全面品質管理等),工作人員勢必要適應此改變,因而必須要實施訓練,使其學習新的技能,以因應組織轉型或變革。又例如:當企業的經營環境改變,必須調整其經營型態,進行藍海策略時,為能使企業轉型成功,遂舉辦一「組織變革」,以及其他相關課程。

在過程中,訓練主辦人員必須具備足夠的組織變革與變革管理能力,以訓練帶動員工的創新與變革。

五、提升總體戰力

有些訓練是為養成改善（Improvement）的能力，用以改善目前的工作績效，達成革新（Renovation）的工作目標。有些訓練是為養成改造（Reengineering）的能力，用以改造目前的工作績效，達成革命（Revolution）的工作目標。無論是改善工作能力或轉型發展，訓練都能提供增加組織戰力的機會。譬如，蕃薯藤網站針對員工工作的必備能力，舉辦訓練課程，如：針對主管的經營管理課程、工程研發人員的專業技術講座、視覺設計及網站製作人的網站經營管理研習、網路智慧財產權講座。另外，定期的外派訓練、自我發展課程、部門內訓經驗傳承等。

六、強化員工的向心力

增進工作意願，促進團隊合作，使企業更順利達成既定的經營目標，而進行訓練。例如：某百貨公司每年皆針對同一層級員工，實施相同的訓練活動，如針對中階的主管，實施「企業危機預防」外訓。

項目　　　類別	傳統勞工	現代勞工
工作理念	辛勤努力 苦幹實幹	效　率 精打細算
工作倫理	論資排輩	實力成就
工作個性	犧牲奉獻	現實功利

七、加強員工第二專長訓練

培養員工職涯規劃能力，促進員工終身學習意願，達成企業創新與發

展的目標。例如:企業進入新事業開發或組織重整與變革時,對於同仁提供第二或多職能專長訓練,可培養員工生涯規劃,個人工作願景與視野的擴展,並培養員工轉業(職場轉換)的能力,作為組織發展、企業創新與多角化經營的重點工作。

八、減少監督者的負擔

技術日新月異且不斷推陳出新,訓練能使員工得以不斷突破自己能力的上限,促進員工、工作及組織三者間達到最佳契合,同時達成組織經營目標及員工發展目標。

九、減少事故的發生率

訓練能使員工不斷學習,不斷創新與變革,較易適應環境的變遷。這主要是訓練能使組織,對於內部或外部的環境刺激,能有足夠能力進行觀察、評估及行動,有效降低事故的發生率。

人力資源、天然資源、資本、技術及管理能力是推動現代經濟生產的要素,其中原料、設備、資金的短缺,皆可能在短期內設法解決,唯有人力資源須經長期的培養,才能彰顯其功效。為促進組織績效和個人的發展,訓練與教育是不可或缺的重要途徑與資本投資。組織在進行訓練的規劃時,應以培養未來所需人力為主。如隨著台灣企業的國際化,以及向大陸等地區發展,未來各企業管理人才的語文,及跨文化管理經驗,將成為勝任工作的重要能力。

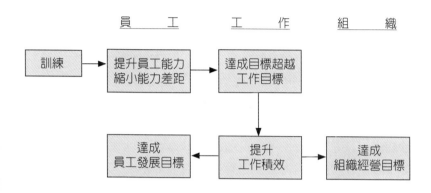

第二節　員工訓練的種類

　　常碰到新進同仁，表現不如預期的狀況，想要協助新同仁漸入佳境，第一步就是先要訓練新進人員。事實上，訓練就是讓員工提升自己，避免落後的機會，假如企業在訓練上，沒有做好的話，就直接會影響員工的生產力，以及產品品質。有些企業只把員工，當做生財的器具，不重視員工的提升和發展，其後果就是當企業把員工的價值用盡之後，員工的工作品質與內容，就會開始退步。其影響短期可能看不出來，但是長期來看，一定會顯現出來。

　　比起台灣企業，外商企業普遍更重視員工的訓練。很多外商每年都會提撥預算，讓員工去進修，這些預算，員工可以直接請領，目的就是鼓勵員工，多參加相關的進修課程，甚至取得正式的學位，讓員工提升自己的知識和能力。例如聯邦快遞，每年都會讓每位員工，知道個人有多少的訓練費用，員工就可以選擇，要去上語言課程，或是專業技術的訓練。上完之後，再跟公司請領這筆預算。無論公司預算多少，員工訓練絕對不可

少！

訓練必須針對層級的不同，給予各層級的訓練。這些層級大致可分，基本層級和管理層級。基本層級又分為，一般職員層級和作業員層級；管理層級又分為：(1)最高經營層；(2)中級管理層；(3)現場監督層。至於一項完整的員工訓練計畫，所必須進行的工作，應包括八項程序：(1)評估訓練需要，(2)設定訓練目標，(3)對訓練目標做詳細說明，(4)發展訓練方案，(5)發展標準，(6)監督訓練的進行，(7)評價訓練效果，(8)回饋。其中，尤其以需求評估、訓練的執行方法、及訓後的評鑑最為重要。至於員工訓練的種類，大致可分為以下三大類。

一、新進人員訓練

新進人員的訓練，可加速新人進入工作的狀況。新進人員訓練就像新生入學的第一天，通常都會有新生訓練一樣，企業也可以透過新生訓練，對新進員工灌輸，基本的工作觀念和態度。一般新進人員訓練的主要內容是：（一）公司之宗旨、信念、經營方針、沿革等背景資料；（二）工作規則、勞資協定、人事規章等，有關工作條件之事項；（三）文書草擬、業務處理方法及細節等，一般業務的基本知識；（四）公司之規律、習慣，及禮節等禮儀教育；（五）至於專業或技術性訓練，則分別由上司或專家，予以指導及講授二訓練的週期，可依公司業務的需求，員工的程度而異，有的一、兩週，也有的一、兩個月。

有些小公司比較不重視新進人員的訓練，因為規模小，新生訓練往往需要等累積到一定的數量後，才可以實施。但是員工在等待的過程中，有時就已經失去新生訓練的效果，這對員工並不是好事。現在很多大公司，會把新生訓練視為是必備的工作，以求讓員工儘快瞭解和適應公司、及早進入狀況。像IBM的新進員工，除了在當地的訓練，甚至還要送到地區總

部去訓練。而且現在因為 E-learning 技術的逐漸普及，透過資訊科技的協助，可以讓新生訓練的實施，更為簡單、方便。

二、職前訓練

職前訓練和在職訓練不同，職前訓練是在員工，還沒開始工作之前，所安排的訓練課程。因為新進員工不見得一進公司，都能立刻上線工作。若直接上線的結果，不僅容易造成員工的壓力，更會影響工作的品質。此時，若能進行職前訓練，可以讓新進的員工，瞭解要如何有效地完成工作的內容。有些公司還會派給新人一個「師父」（Mentor），來教導他工作上的相關事項，透過這種「師徒制」的方式，進行職前訓練，新進人員就能有一個良好的適應期。

三、在職訓練

員工的專業知識，勢必不斷充實，方能迎接新科技與新業務的挑戰。有些企業非常在意「在職訓練」（On-the-job Training），特別是涉及到專業性的工作。因為在職訓練可以讓員工，和技術的發展同步，或是讓企業擁有更好的工作方法，或是工作技術，進而提升生產力和生產效率。

在職訓練和「進修」（Off-the-job Training）又不太一樣。在職訓練通常是在企業內部，所做的訓練，員工一樣照常工作。進修則多半是，在員工工作以外的時間，甚至會暫時離開公司，譬如說讓員工暫時停職，去國外學習新技術，或是像中小學老師要在暑假時，到政大上兩個月的訓練課程，都是進修的一種。

近年來，國內的大型企業，漸漸開始重視員工訓練的工作，有些公司甚至還會要求員工，每年要有一定的教育訓練時數，使員工不至於和技術的發展脫節。其實在企業內部，也可以針對不同專業的需要，開設不同的訓練中心，以強化對員工的訓練工作。

第三節　企業員工訓練方式

人力資源中高素質的人力，乃是企業成長的原動力。以企業教育訓練的做法來看，透過外訓、內訓、職階職能教育等訓練體系，可使員工成為最重要的資產，由此可知訓練所扮演的角色。

組織要如何培訓所需的人才呢？大略來說，有以下五種：

一、內辦訓練

內辦訓練是指由公司內部，自行辦理之教育訓練。這種訓練大多由人力資源部門的訓練單位，依核定「年度訓練計畫」，辦理各類訓練課程，這是總體性需要的考量。譬如，組織可針對某些特定的課程，邀請業界的主管人員或專業人士，像太陽能產業的薄膜所發揮的轉換率過低，此時就可邀請大學教授或工研院的相關研究人員來上課，一方面可針對問題、解決問題，另一方面也開闢產研交流的管道。

二、部門內在職教育訓練

除個人工作崗位上的教導與指引外，部門可規定在某段時間（每季）內，至少辦理多少次的訓練。然後，再由部門主管依部門內部特性，自行擬定部門的訓練。公司內訓練包括：

（一）單位內之訓練，由各單位主管安排課程；

（二）整體性之專案訓練，由管理部安排課程；

（三）學者專家至本公司開課或演講，由管理部安排課程。

辦理部門內在職教育訓練時，應考量上課時間、地點、參加人員（方

便性）、講師授課時數、授課主題、教具種類、教學目標、訓練費用等。

三、外派訓練

因應公司政策與發展、前瞻科技、部門內專業性需求或員工自我發展需要，派赴外部專業訓練機構接受訓練。組織外訓練包括：

（一）企管公司或企業管理輔導機構所舉辦的講習；

（二）公司或工廠參觀訪問；

（三）學者專家專題演講會或座談會；

（四）公私立大專院校專業科目選修；

（五）派赴國內外受訓、參觀或訪問。

所有外訓人員於結訓後，應書寫「外訓心得報告」，呈主管核閱後，交人事單位，列為員工考核的參考。若能使外訓心得報告的知識，轉換為更多人可以共同吸收、瞭解，那麼派外訓練就更為值得。

四、聯合其他企業共同舉辦課程

中小企業可能礙於經費不足，或因受訓人數少，無法單獨辦理培訓，此時若能結合幾家企業聯合辦課程，則可享受內訓的價格，又因為多家公司聯合舉辦，則不論訓練場地、影印店、快遞，都能提供較優惠的價格，來降低成本支出。國內有些會議公司專門提供場地，舉辦各種會議或產品發表會，因為聯合其他企業，能夠保證會議場地的使用量，故常能享有場地供應商特別優厚的折扣。同時在聯合舉辦的過程中，也能與其他企業交流，不過，在進行合辦課程之企業的選擇時，要考慮各企業的訓練目標，受訓學員的背景與水準，以及是否有業務上的競爭，以選擇最適合的公司來合作。

五、E-Learning 線上學習

線上學習（E-Learning），又稱為網際網路學習（Internet-Enabled Learning）是指運用網路促成的學習，利用電子化的教學科技（更嚴格而言，是網際網路科技），讓學習者透過網路與電腦輔助的學習環境與機制，不受時間與地點的限制，便能夠獲得專家或講師的智慧傳授、進行學習，並更進一步促成組織內知識的擷取、傳播、保存與管理。網路教學讓知識的傳達，能夠無遠弗屆，透過線上學習，需要學習的人，可以不再受地域限制。以往只能被迫在固定時間，選擇相同節目及學習內容，E-Learning的線上學習，透過網際網路，不管身在何處，都可隨時、隨選視訊，這種具有即時性、互動性及效率性等應用特點，可真正達到「用工具，更省力」。在網際網路上進行的學習活動，可以是由教師帶領的即時線上學習，也可以是由學習者，自主控制學習內容與進度的「自修」學習。因此組織可設立線上學院，透過公司內部網路，使用電腦為界面，提供員工線上課程、電子教材、視聽教學及語文教學等學習內容，由同仁以自學方式進行訓練。

面對經營環境的急遽變化，訓練發展必須求新求變，不但訓練發展的內容必須改變，扮演的角色也必須改變，必須培養新的心態，建立新的能力，才能協助組織達成經營目標。為了使教育訓練的成果更為豐碩，在某些主題方面，可互相交換課程的教案與教材，特別是同產業的管理領域，由於管理方面的訓練課程，幾乎是每家企業所必需的課程，此類課程又沒有商業機密上的考量，故若企業間能互相分享課程教案與教材，則可快速豐富企業內課程的種類。前人的血汗與經驗，正可為後人的借鏡與參考。教育訓練人員若能建立良好的人脈與網絡，隨時隨地可以請教他人，對個人的專業成長有很大的助益。除此之外，正可透過共同研討，發展出更多

元化的企業教育訓練合作方案。

第四節　訓練規劃

　　訓練是為達成組織經營目標及員工發展目標而訓練，所以訓練是有極強的針對性。訓練不但使員工，能夠勝任目前的工作，並且有能力承擔未來更多、更重要的工作，使員工、工作及組織三者間，達到最佳的契合。因此，訓練應先從瞭解產品、客戶、市場、競爭對手、競爭優勢等著手，透過訓練去維持並且擴大競爭優勢，從而達成組織經營目標。由於訓練的內容包羅萬象，因此不應由訓練主辦人員獨力完成，必須動員主管與員工，大家群策群力，分工合作辦理訓練。

　　一般而言，同樣的課程，每個學員所學與所應用的程度，通常多少都有點差距，這就涉及到訓練規劃階段的完整性與細膩性。所以規劃時應注意之處，首在分析訓練需求，企業須分別針對部門需求、任務需要及人員等進行分析。然後在準備與設計訓練內容階段，應依據學習的原理，確認是否做好相關受訓準備（身體與心理、軟體與硬體），進而能夠確實學習到訓練的內容，並且以設計訓練內容與課程，提升訓練成效。組織若能透過前瞻性、變革性、預防性、積極性，訓練部門就能更有效、更直接、更快速地協助組織達成經營目標。如果公司經營的目的，是在短期內創造最大的利潤，則訓練的規劃與執行，應著重在學習易學與短期見效的技能，而訓練的效用，即在快速養成能因應組織擴充而升遷的主管。反之，若是以創造最高品質的產品為理想，不以短期利潤為目標，則訓練需要系統性的規劃，以進行全方位的人才培養。

　　基本上，訓練的承辦人員，必須從組織的經營，與職能的角度去檢

視、規劃與執行訓練等工作，並將「目標管理」、「績效評核」、「員工發展」與「教育訓練」等結合起來，而不是為訓練而訓練的本位主義。規劃時，最好能夠掌握過去及現在的訓練情況（經驗），展望未來訓練走向（趨勢），為組織建立可長可久的訓練與發展制度。除了短期的年度訓練計畫，也應規劃中長期的訓練課程系統（即所謂訓練體系）。

在規劃的層級上，一般企業的教育訓練單位層級並不高，而訓練負責人也多由其他部門轉調任職或兼任，這樣又如何能夠掌握產業技術最新趨勢，適時引進訓練所需的學習技術？有鑑於訓練工作千頭萬緒，這樣的規劃層級，並不利於整體教育訓練的成效。訓練主辦的人員，必須具備足夠的員工發展能力，協助主管運用訓練來發展員工。課程的規劃，大致分三個職級：高階、中階、基層。

此外，規劃時也必須評估教育的成本效益，訓練成本方面，主要在於估計軟體、硬體、顧問服務、導入流程、人員訓練、維修諮詢等直接或間接成本。至於效益的評估，以價值分析（Value Analysis）的方法，分析訓練最佳化之後，所能減少的時間、人工、費用等直接與間接效益。

課程的規劃

第五節　訓練講師遴選

訓練課程的成功與否，課程的靈魂人物「講師」是主要關鍵。國內的講師資源，大致可分為各大專院校相關科系教授、企業內部傑出的實務工作者或主管、專業的講師或顧問師，當然國內雜誌或某些資訊網站，也有提供講師名錄可供參考。

訓練講師究竟要如何遴選？這是訓練的核心議題。一般企業在進行講師的遴選與邀請時，常會以知名度為主要考量，但不同來源的講師，因為其本職的工作原因，能投入在訓練專業上的心力，有相當大的差異。以下四個條件可作為教育訓練人員遴選及邀請講師的依據。

一、專業能力

對於所授課的領域，是否具有相當的學理基礎或實務經驗，關係著能否協助企業經營更上一層樓的關鍵。目前許多企業組織都強調要有實務經驗，儘量不要理論，這是非常錯誤的看法，因為理論是由許多實務而組成，若是缺乏理論，那麼實務的時效是很短的。

二、教學能力

是否具有良好的表達技巧，能否引導學員進入訓練與實質技術的內涵，教學能力就顯得格外的重要。

三、教學熱誠

沒有教學熱誠，就難有感動力，更遑論在課前投入時間瞭解企業特性、學員需求，並進行課程的發展與調整。所以教學熱誠是評估講師邀請，核心關鍵之一。

四、工作量

是否會因講師太忙碌，以至於準備並不充分，或未能針對本組織所需，如此都會降低教學品質，而使訓練預期目標大打折扣。

根據以上四種標準來進行訓練講師的遴選，就可以找到兩大來源，一是內部講師，二是外部講師。若能遴選有輔導顧問經驗講師，由於位於企業體制外，所以較能察覺企業常犯的專業盲點所在；也因為他們沒有包袱，所以顧問師或講師較能直言不諱地道出企業問題所在，進而提出最佳的解決方案並加以推動。同時也能大幅降低企業訓練無效的風險，如訓練目標的錯誤、時數不足或過多訓練課程不適當等。

如果是外部訓練，那麼在課前、課中與課後三方面，都應該有所注意。課前要注意的是講師對於企業訪談是否詳盡、對企業的認識是否足夠；課中是否有助教或承辦隨行服務、講義製作、行政庶務等；課後是否有問卷及分析報告、後續追蹤等。

企業內部雖然某些課程，須借用外部資源協助上課，但某些課程，還是可以善加運用內部講師來協助的。儘管內部講師在授課技巧上，可能不及企業外部講師專業，但他們卻可以發揮「企業經驗傳承」、「課程內容務實」之效，尤其是從公司的角度來看，內部講師的優點，尚有：課程能與公司相關制度相結合，理論與實務並重，以提升訓練效果；利用訓練課程推廣公司相關制度，以落實制度推行；幹部人才，教學相長；讓公司主管到某一職等時，擔任其業務專門之課程講師，一方面可在教學相長之下提升其專業知識，另一方面也可提升主管的指導能力，方便企業課程的推展，內部講師無論在課程時間、方式、教材等方面的協調，皆比外部講師容易；可累積公司經營及技能方面的 Know-How，在公司制度推行的過程中，內部講師將這些經驗予以彙整成教材，除可方便於經驗的傳承之外，

也是公司重要的 Know-How 資產；塑造培育部屬、指導部屬是管理者重要的職責。

　　從擔任講師者的角度來看，被指定擔任的講師，由於必須就有關課題，對受訓者做有系統的、合邏輯的、易懂的說明，所以在做課前準備時，一定須對自己不足之處去補充，如此才可以獲得補充及整理有關知識的機會；講師因為說明自己的工作，而發現工作有部分不合邏輯，進而產生了反省日常行為之機會，並做了對工作的改善與自我啟發。此外，因為要在受訓人員面前講話，內部講師必須努力提升其表達能力及說服力，因而培養其能在眾多人面前，冷靜說明事情的能力。

　　講師在訓練的實施階段，常見的有單向講授法、參與實作法以及群體建立法等，各類方法各有其優缺點。可視其預算及訓練內容的需要，選擇不同訓練方法，或不同方法的組合。

第六節　訓練成效評估

　　時值經濟不景氣，以致企業經營者乃有降低教育訓練成本的動作，而如果教育訓練主辦人員，想順利爭取到教育訓練經費，勢須提出具體而客觀的訓練成效評估，方易說服老闆撥出經費。訓練成效評估，係針對特定的訓練課程，以系統化的方式，蒐集與訓練活動有關的訊息（包括描述性與評斷性的資料），給予適當的評價，以作為未來篩選、採用、執行、評斷、修改訓練活動等決策的相關依據。

一、評估準則

　　在訓練成效評估的階段，組織可用評估訓練成效的四項準則，包括：

（一）員工對於訓練的情感性反應或效用評斷；

（二）甫結訓時，員工觀念、知識及技能行為是否有所改進；

（三）訓練所塑造的行為是否能夠移轉到實際工作場合；

（四）訓練的實施，對於組織究竟造成何種影響，這些不同的準則，分別提供了不同面向的資訊。

組織同時亦應考量是否進行前測及後測、是否區分實驗組及控制組，以選擇合適的訓練成效評估的設計方式。

二、評估步驟

評估的過程應該遵循六個步驟，包括：

（一）在訓練前先建立與訓練目標相符合的「評估效標」；

（二）對受訓者進行符合訓練目的的「前測」；

（三）「實施訓練」；

（四）訓練課程結束後，實施瞭解改善程度的「後測」；

（五）由工作績效的改善來測量「訓練移轉」的情形；

（六）在訓練後數個月甚或數年，進行瞭解學習維持變化之「訓練成果的追蹤」。

在實踐上，有的公司對於訓練成效評估，採取測驗、心得報告及問卷調查等三項。

三、評估手段

評估手段有的組織是採取測驗、心得報告與問卷調查。

（一）測驗

在測驗方面，可分為管理進階教育測驗，及新進人員訓練測驗。管理進階教育是採取管理競賽的訓練方式，針對有機會晉升的人員做訓練，並於訓練結束後給予測驗；通過測試者，組織將發予證書作為將來晉升的參考。新進人員訓練之測驗方式，則分為筆試及實作，成績優良可獲贈獎品。

（二）心得報告

企業對於新進人員、外派訓練、短期進修、國外考察之人員，可要求其在訓練結束後，繳交心得報告給單位主管及訓練中心，作為評估的參考。

（三）問卷調查

對於一般管理訓練及單位，也有採取意見調查，作為訓練評估的方式。

四、評估結果

平均每人訓練費用，對訓練成效具有正向的影響，表示組織若投注在平均每位員工的訓練經費愈多，則其訓練成效會愈顯著，並且人力資源管理中的參與管理、薪資管理、績效評估，及工作保障等措施，對訓練成效皆呈現正相關，亦即，人力資源管理的總體措施，如能與教育訓練相配合，則訓練成效愈佳。

評估結果對人事布局而言，也是很有意義的，因為訓練成果可作為日後升遷、福利及加薪的參考或必要條件。如此將強化對訓練成效正面的影響，其原因為，將訓練成果和升遷、福利及加薪適度結合，能夠增強受訓者的受訓動機，並且給予適當激勵，將有助於訓練成效的提升。

第七節 訓練成效評估的四個層次

Dr. Kirk Patrick 曾提出的訓練成效評估的四個層次，是目前理論上與實務上被廣泛應用的，茲將各層次的評估做法說明如下。

一、反應評估（Reaction Measures）

所謂「反應評估」是評估學員對課程的滿意程度。通常是於課程結束前，邀請學員填寫課後問卷，以瞭解學員對課程的滿意程度，並將蒐集的意見作為未來舉辦同樣課程之改善參考。問卷項目通常包括有課程實用性、深淺難易度、時間長短、講師講授技巧等。這一層次的評估，是訓練主辦人員最能掌控的（Controllable），無論就課程規劃、講師遴選、教材編輯等方面。

二、學習評估（Learning Measures）

學習效果不能驗證，便無法證實訓練對公司的實質貢獻，因此，實有必要進一步進行學習評估。所謂「學習評估」是指根據訓練目標，測量學員對所學的知識、技能的瞭解吸收程度。組織可根據課程類型不同，而有以下不同的評估方式：

（一）書面測驗（Written Tests）

測驗較具客觀性，這是用來瞭解學員對專業知識的理解程度。有的是於課後一週舉行書面測驗（包括有是非／選擇／填充題與要保書填寫實作）。測驗的目的是，為讓員工能於課後溫習，以便對於最根本而重要的觀念能牢記在心。

（二）模擬情境（Simulation Exercises）

即在課後設計一些工作中的模擬情境，以觀察學員是否能正確應用，所學的相關觀念與技巧。這種情境模擬評估方式，通常是在管理技能訓練與顧客服務訓練課程中，較常被用來評估學習成效。

（三）操作測驗

舉凡電腦操作訓練，在課後皆會設計實作題，以便評估學員是否已會操作使用。

（四）學前／學後比較（Pretest-Posttest）

即在課前先自我測試，對於授課內容的瞭解程度，然後在上完課後再做一次測試，課前／後差異的比較，便表示所學習之處。

三、行為評估（Behavior Measures）

即透過訓練前／後行為的改變，以評估訓練對受訓員工績效改變的程度，這樣的評估是最能直接反應訓練績效的。然而，這方面的評估則有賴於受訓員工主管、同儕，甚至部屬的觀察。

（一）課前／後問卷調查

要觀察受訓員工行為／績效，是否有明顯改變，其實不難，因一般的專業技能訓練，大多是使學員「由不會到會」、「由會到熟練」或「由簡單到困難」，是容易辨識的，故教育訓練主辦人員，可於課前透過結構式問卷，向受訓員工主管調查受訓員工目前能力水準，然後在課後一～三個月，再施予同樣的問卷調查，便可瞭解受訓員工將所學運用於工作中情形。

（二）360度管理能力評估

透過主管、同儕與部屬觀察受評人，日常管理行為而做的回饋，以協助主管人員瞭解本身的管理能力優劣勢，找出訓練發展需求，然後再定期評估受評人的訓練發展成效。問卷資料的彙總分析，相當費時耗事，分析結果的解析和應用，亦須有專人引導。

四、組織效益評估（Organizational Result Measure）

係評估訓練對組織績效，諸如生產力、銷售額、顧客滿意、品質改善等的影響。但事實上，影響組織績效的變數很多，可能是經濟景氣因素、新制度、新機器設備、新主管等因素，故較難證明訓練與組織績效的直接關聯性。

整體而言，訓練是協助企業員工能有效地執行任務，因此，透過訓練至少應可將員工績效提升至一定可接受水準，讓上述潛在隱藏成本，降至最低，進而提高生產力。

企業薪酬

薪酬不是只有為獲取勞務，所支付給員工的代價，而是應更具有誘導員工，配合企業發展大戰略，與鼓舞員工士氣的多重功能。對企業而言，薪酬是企業的運營成本，成本不能超出員工創造的價值，否則企業就會虧損。

四年前，拿下世界麵包大師金牌的吳寶春回台創業，向鼎泰豐董事長楊紀華討教經營之道。當時楊紀華建議吳寶春，首先要調高員工薪水！2013 年《遠見》連鎖餐飲業服務第一名是鼎泰豐，終結連續幾年由王品集團旗下品牌，輪流稱冠的局面。

　　鼎泰豐的服務憑什麼打敗王品？關鍵就在於對員工好。除了薪資以外，最讓鼎泰豐員工引以爲傲的是，無論在總部或是分店，都有可以躺著睡的員工休息室，每位員工中午可以休息 2 個小時，每工作 2 個小時，還能休息 15 分鐘，確保員工在打烊前，都精神飽滿。此外，鼎泰豐還編制有四位「樂活諮商師」，定期和員工聊天、傾聽員工心聲，並且還會安排專業視障按摩師，進駐各分店員工休息室，抒解他們的身心勞累。至於新進員工，鼎泰豐都會有一位小老師照顧他，除了教導他們工作技能，也關心他們的日常作息，比如說 12 點前要睡覺、找時間運動或喝水夠不夠等等。所以鼎泰豐的成功，關鍵在於優秀的員工。而優質員工的背後，是公司卓越的人力資源制度。

第一節　薪資與工作動力

薪酬乃是泛指組織對於組織成員，依其工作、職責內容、工作績效，以及個人條件，所給予的各種形式報酬。薪酬大致可分為三類，

一、直接財務性給付：即本薪、工資、佣金、紅利或獎金等。

二、間接財務性給付，譬如保險、休假給付、退休金等。

三、非財務性獎勵，譬如各項福利、各種娛樂、車位提供、信用卡、彈性工時、舒適辦公室等。

根據馬斯洛（Maslow）的需求層級理論，人類的需求可分為五個層次：(1)生理的需求（Physiological Needs），這是指來自於人類生理本能所產生的基本需求，例如：食、衣、住、行；(2)安全的需求（Safety Needs），它是指自身與財產的安全與保障，如人身的安全與工作的保障；(3)社會的需求（Social Needs），指希望為群體認同與接受，例如：歸屬感、愛人與被愛的感覺；(4)自尊他尊的需求（Esteem Needs），這是指希望受到群體的肯定與尊重，如受人尊敬；(5)自我實現的需求（Self-Actualization Needs），這是指個人的潛力，得以充分發揮，例如獲得成就感。當低層次的需求，得到滿足之後，人類自然會去追求高層次的需求。薪酬正是滿足人類，基本需求的主要工具，因此，薪酬就成為人去工作的主要動機之一；相對的，也是企業經營者用以影響員工行為的重要工具。

薪酬制度本身，就是企業制度建設的重要一環，而且也關係到企業文化和企業形象。企業若能提供員工合理而又有外部競爭力的薪酬，就能增強企業凝聚力；員工在為公司盡力服務的同時，也會有意或無意的樹立正

面企業形象，提高企業知名度，對吸納人才和資源，必然有積極的意義。

　　良好的薪資制度，對企業的重要作用，不僅有利於招募員工、吸收菁英、激勵員工、有效留才，更可激勵員工工作積極性、實現企業戰略發展、減少勞資糾紛，健全企業的經營體質，引領公司發展。這主要是健全的薪資制度，能給員工帶來自我價值的實現感，和被尊重的喜悅感，增加員工的歸宿感，和對公司發展戰略的認同和支持。反之，如果企業的薪酬福利水準不合理的偏低，員工又看不到在聲譽、職能培訓、職位升遷、股票選擇權等方面得到彌補的可能。在找不到其他更好的工作情形下，消極怠工、損害設備、浪費原材料、侵占公司利潤、侵吞公司資產、追求過度的職務消費等行為，都是可能的。

　　薪酬不是只有為獲取勞務，所支付給員工的代價，而是應更具有誘導員工，配合企業發展大戰略，與鼓舞員工士氣的多重功能。既然員工薪酬是如此重要，那麼究竟要如何決定員工的薪酬呢？基本上，是根據員工的工作績效、職等與職務的高低、技術及培訓水準、工作條件、年資；就企業的部分，會影響企業整體薪資水準因素，較具體的有生活費用、物價水準、企業支付能力、地區和行業工資水準、勞動力市場供求狀況、產品的需求彈性、工會力量、企業的薪酬策略。對企業而言，薪酬是企業的營運成本，成本不能超出員工創造的價值，否則企業就會虧損。由此可見，財務的考量，會關係到薪酬管理在人力資源管理的成敗。

　　一個員工選擇某種工作，錢是關鍵，但不是唯一因素。在工作中獲得成就感，應該也被看作是報酬的一部分。阿爾非‧孔恩（Alfie Kohn）在〈為何獎勵計畫無效〉與〈薪酬課題的再省思〉兩篇文章中，指出「獎勵不能激勵人」、「獎勵會侵蝕興趣」，以及「獎勵措施通常只能確保：暫時性的順從」，以及傑佛利‧菲佛（Jerry Pfeffer）在〈有關薪酬的六大

危險迷思〉的文中，指出「人們工作主要是為了賺錢」，是薪酬制度六大危險迷思之一。兩位作者在三篇文章中，對企業以及管理人員所提出的省思，其根本就在於企業所實施的薪酬管理缺乏總體的系統性，因為多數企業只注重財務報酬（如：薪資、獎金、分紅、股票等），而忽略非財務報酬（如：有更多的工作自主性、彈性上班、有較多的成長機會等），使得員工在外在需求上，或許得以滿足，但內在需求上，則未能獲得滿足。

第二節　薪酬管理

薪酬管理的目的是，在勞動力市場上，能夠吸引優秀人才、激勵員工工作士氣、使員工與公司利益結合、合理控制人工成本，保證企業產品的競爭力。由於企業經營成本中，人事成本可以說是占了相當大的比重，企業如何進行薪酬管理，對於企業經營者而言，是極為重要卻又相當棘手的課題。在人力資源開發與管理中，薪酬管理是一項重要的內容。薪酬制度是否科學合理，給予員工的福利是否能夠讓員工滿意，不僅關係到員工個人的切身利益，也將直接影響企業的人力資源效率，和勞動生產率，進而影響企業戰略目標的實現。

一、決策者的價值觀

薪資會反映決策者的價值觀，還可能會形成特定的企業文化。常見企業初創時期，創業者較為慷慨，樂於激勵一同「並肩作戰」的員工；隨著規模擴大，便日漸「精明」，不僅未隨著規模經濟所帶來的收益，而增加調高員工薪資，反而多方苛扣。這主要是因為企業高層對於員工工資到底屬於企業成本還是長期投資，認識不清。通常未經科學分析，而盲目追求低成本，卻不曾深思員工離職所帶來的機會成本。

薪資管理是困難度極高的人力資源管理項目，企業究竟處在初創、快速成長還是成熟階段，其基本薪資和績效獎金等薪資結構，都有所不同。若企業處於困頓不前的狀態下，在薪資結構設計上，應強調全薪制及包案制度，全薪制是指避免分列薪酬成各不同項目，如此在分析人員薪資費用時，較容易掌握全體薪資費用狀況，同時在薪資調整上，亦比較容易將部門主管注意力，導向針對人員整體產值變化，進行調整人員薪資，而不是專注於員工個人基本薪資的異動。

　　至於包案制度則是指在工作評核重點上，強調人員自力完成工作的能力與責任，以完成工作為考量，而不以工作時間為考量。人員未能完成工作，雖延長工時，亦儘量以不發給加班費用為原則（生產線之作業或值班性質之工作，不在此建議範圍內），如此可提高人員對事情處理之效率。然此部分，因為牽涉到勞動法令等相關規定，在進行時，宜多與部門主管、同仁進行溝通，以免發生勞資爭議。

　　若是企業處於高度成長的狀態，如目前的太陽能產業，在薪資結構制度的設計上，應依職別不同，而採用不同的方式，關鍵性人員可考慮提供員工入股的方式，以穩定企業的人員流動。在薪資結構上，可考慮略低於市場平均薪資，而改以其他任用條件，來吸引人才加入企業，如員工分紅入股或是員工股票選擇權的方式。此時應強調人員在公司內的職涯規劃，如此才能一方面降低直接人力成本上的支出；另一方面，也達成為企業吸引優秀人才的目的。

　　企業如果是市場領導者，在企業形象及穩定性，都高於一般企業，但是產業成長性低。成熟產業的狀態，在薪資上不太容易採用競爭性的薪資結構，此際，以維持人力穩定為企業的重要目標。在薪資結構設計上，可依公司的情況採平均月薪較低，而於年底依公司獲利狀況加發獎金的方

式,使人員的異動降低,以利人力資源單位規劃薪資結構的比例。

隨著景氣的變化,與企業經營的狀況,還可能出現苟延殘喘的現象。此時要看未來市場是否仍有成長的空間,以及企業領導層的決心與企圖。如果企業領導層企圖心強,薪資結構雖採保守方式因應,但激勵獎金的部分則可較多;反之,傾向維持現狀或是逐步撤退的方式,則在薪資上可能採用不調薪策略,以使人力逐步自然汰化,而不至於因須資遣同仁而肇致勞資爭議。

二、派外人員和本國薪酬的差異

對於派外人員的薪酬管理,與本國薪酬管理在精神上雖然相同,但是在內涵上則有所差異。這些差異表現在:

(一)基本薪資

以母國的本薪為基準,再儘量平衡其間的差異。也有些多國籍企業是以地主國為基準,不過仍會比當地水準高。

(二)稅額補貼

許多派外人員在被課徵個人所得稅時,會面臨兩個問題,其一是個人被母國和地主國重複課稅;其二是地主國的稅率高過母國。母公司多會予以補貼。

(三)福利與津貼

福利項目通常會因各國而不同,但企業通常會以兩地中較優者為主要原則。派外人員的福利項目,通常有醫療、社會福利保險、退休金計畫等,另有提供派外人員旅遊、與其家人返國探親休假的費用,或眷屬及家人負派駐地探視派外人員的費用等。而津貼是在派外人員的薪資,所占的

比例最大，其中又以生活津貼最為常見，目的在於使派外人員，能維持與在母國相同的生活水準。

第三節　薪酬制度

人力資源經理是負責制定薪資管理制度，這個制度是人力資源的總合，它關係著員工切身的工作報酬，又影響到員工的工作動機、滿意度與忠誠度，並進而反映在員工的工作表現上；另一方面薪酬制度又與企業人力的取得、績效的考核、人才的培訓、員工的晉升、員工職涯發展，到勞動條件的訂定等等息息相關。

薪酬制度乃是企業基於員工，提供勞務或服務，而給付報酬之回饋機制，同時亦為薪酬管理之依據。在設計薪酬制度時，必須多方考量，以免不但未能達成原有的功能，反而衍生負面的效果。薪酬制度的目的，以提升組織總體績效為主，那麼就要考量環境因素，對薪酬管理之影響，尤其是產業特性、組織策略、公司規模、營運策略、組織架構、內外在環境、任務特性、國際化、企業生命週期、企業文化、企業所在地的人才環境等變項，同時還要依各職能工作困難度、責任權重、工作複雜性、智能運用、問題解決能力、判斷能力、保密性等，來決定職務薪酬的水準。

一、薪酬制度應遵守的原則

薪酬制度應遵守以下七項原則，否則有可能無法正常作用，也可能失去它存在的意義。

（一）公平性

企業在薪酬制度上，必須兼顧外部的公平性、內部的公平性。內部

公平（Internal Equity）是依職等的高低支付薪水，外部公平（External Equity）則是依外界相類似工作的薪資水準來支付薪水。員工對於企業所給與的薪資，最在意的就是公平性，對於自己所付出的努力，希望能獲得企業主相對等的認同。在公平性的認知上，員工比較在意的是，分配公平與程序公平；分配公平是指在相對的標準下，員工對於所投入的，與所獲得結果的公平認知，一旦員工察覺到不公平的情況，例如，付出大於所得，便會改變其行為；減少產量或降低工作品質，以達到員工心中的公平標準。而程序公平則是指評估結果的過程，是否具有公平性。有研究顯示，使用程序公平原則的組織，其員工對於所獲得的結果接受度較大，組織承諾也相對較高。為了達到公平原則，溝通是很重要的技巧，只有透過雙向的溝通，才能讓員工瞭解到整個制度的程序、內容以及結果，同時讓員工對不公平之處提出建議，作為改善的依據。

公平性可以透過工作評價、工作分析等方法，來評估每個職位的相對重要性及薪酬水準，以達到同工同酬的目的。另外，佐以績效評估制度，依據員工的貢獻度，以決定個別員工應得的報酬。

（二）激勵性

薪酬制度既然是企業基於員工的表現，而給予報酬的回饋機制，企業希望用以激勵員工的因素必須明確，讓員工明白什麼樣的行為是公司所鼓勵的，設定的目標必須是可衡量，才能有效地區別出員工的貢獻程度。除此之外，還必須讓員工知道，企業如何來衡量目標的達成度，衡量效標的明確、一致化，可以提高員工的公平認知，對於員工個人、部門，以及企業的效率也能大幅提升。譬如，在員工正常待遇之外，根據生產力或效率等的提升，給付的獎金的利潤分享計畫（Gain Sharing or Profit Sharing），另行加上分享企業累積產生的利潤。此種「成果分享」（Gain Sharing）

人力資源管理

制度，為激勵性薪酬樹立了良好的典範。史丹福大學教授菲佛（Jeffery Pfeffer）也是持這種看法，他強調企業必須有具備，競爭力的薪資政策，與獎勵性的薪資制度。

（三）薪酬與績效結合

薪酬制度的設計，必須與組織績效相結合，否則，長期下來，企業將喪失競爭力，甚或無力負擔。獎勵性的薪資制度，則有助於員工與企業經營發展的結合，讓員工不只認知到報酬的公平性，並進而與企業產生生命共同體的體認，以期達成最有效的激勵效果，提升企業競爭力。

（四）外部競爭性

比市場平均水準較高之薪資水準，來增加企業遴選優秀人才的空間，並有效降低員工離職率。就外部競爭性而言，從界定市場開始，再進行薪資調查，然後擬定薪資政策，鋪陳薪資結構。其中薪資調查，旨在因應外界薪資改變、據以建立薪資結構，甚至於分析與薪資有關的人事問題；而在薪資調查結果的運用方面，除了被視為調整員工薪資及結構，重要的參考外，尚可用來調整員工福利結構、調整員工績效管理制度，及建立或修正人力資源制度。

各部門的工作性質不同，競爭優勢亦不同，因此應該避免使用同一種薪酬制度，以免降低部門原有的競爭優勢與能力。例如，生產、行銷導向的部門，可以選擇低固定薪資，配合高變動薪資的方法；而行政導向的部門，除了薪資的給與外，可配合工作豐富化，以及強調個人成長的內在報酬因素。

（五）適法性

薪酬制度的適法性，是企業努力的目標之一，所謂適法，不只是政府

所公布的相關法令，還包括了企業內部的規定及願景。在勞動基準法公布後，企業的薪酬制度是否合乎法令，成為相當重要的議題。尤其，目前裁員、減薪的情況頻仍，所引發的勞資糾紛不斷，企業除了考量退休金、資遣費的支付標準和方法，以及合法性的問題之外，同時還要維持及強固企業本身的社會形象。目前有許多企業在進行縮編時，提供員工優惠退休、退職的方案，以優於一般退休、退職的給付條件，鼓勵員工自動提出申請，藉以減少強制資遣，所帶來不必要的衝突，達到企業瘦身、保全和諧勞僱關係的目的。

（六）可調整彈性

為因應環境之變化，保持公司之競爭力，宜保留薪酬制度之彈性，如此方能隨情境而應變調整，譬如可加強變動薪酬（尤其是績效薪給方面）之比重，而減低固定薪資（尤其是其受勞動契約保障的基本薪資）之比重。

企業每年可根據薪資調查結果，及企業薪資政策的方向，做適當的修正，以符合市場趨勢及企業需求。不過在績效薪酬趨勢的引領下，「8：2 法則」會愈來愈明顯，公司 80% 績效獎金，可能明顯集中在 20% 對公司最有貢獻者。能力愈強，薪水就會愈高。此外，當有重大調整的職位，應經過正式職位評價流程後，再確定該職位是否需要調整「薪等」。若因為整體組織策略性調整，或核心職能的調整，有必要調整「可酬要素」（Compensable Factors）或相關設定時，應由人資單位，正式召開「評價委員會」進行討論。

（七）多樣性

薪酬內容應具多樣性，一般來說，報酬可分為內在性的（Intrinsic）

以及外在性的（Extrinsic）酬賞；內在性報酬主要是涵蓋工作本身的豐富性、自主性等。例如，個人成長的空間、參與決策的機會；而外在性報酬，依其性質又可分為直接、間接、非財務性三種。直接薪酬即底薪、分紅、入股等直接發放給員工的薪資；間接薪酬則是如休假、保險等附加的薪資；而非財務性報酬則主要是指頭銜、辦公室裝潢等，滿足較高層次需求的薪酬因素。

二、企業對薪酬的著重部分

大多數的企業，將報酬項目著重在，直接薪酬與間接薪酬的部分，而忽略了其他能激勵員工的報酬項目。事實上，不同形式的酬賞因素，能滿足員工不同層級的需求，並達到不同的激勵效果。例如，對自尊或自我成長等方面的需求，不是單憑金錢的給與能滿足的；因此，企業在使用報酬因素來激勵員工時，應儘量將多種報酬項目列入考量，或者是針對不同需求的員工，做個別性的獎酬，更能達到獎勵、激勵的雙乘效果。

我國企業薪酬制度的特色是，將從「年資」改為「能力」，從「固定」轉為「變動」。這樣的薪資特色，表示揚棄過去強調企業倫理的「年資制」，而改以強調工作表現的「績效制」作為計薪的基礎；另一種特色是放棄過去，強調個人生活保障的「固定薪資」比率，進而大幅提高強調獎酬面的「變動薪資」比率。這樣的薪酬制度，其企業經營思維是，「重賞之下必有勇夫」、「獎勵個人表現」。目前還有一種新的趨勢，就是自助式薪酬方案（Self-assisted Compensation Solution）。這是由美國密西根大學 Tropman 博士，提出的一種全新的薪酬方案，是指員工根據自己的需求、興趣、愛好，及家庭狀況來制定個人的薪酬模式，是一種交互式的薪酬管理模式，由企業和員工共同選擇自己的薪酬組合模式。企業根據員工的需求，制定一些薪酬的支付方式，由員工自己選擇自己的薪酬組合方

式，就像超市購物一樣，超市對顧客提供多樣的產品，顧客自己選擇自己所需的產品，同時也根據顧客的需要調整產品的種類，以滿足顧客的需要。

三、自助式薪酬的特點

（一）以員工為中心

這是自助式薪酬的核心理念，突出了員工作為企業內部顧客在薪酬制度中的主導作用。自助式薪酬既考慮了員工需求的多樣性，又可以讓員工自己選擇，實現了人力資源管理中的員工參與性。例如，美國甲骨文、波音公司，利用公司內部網路，讓員工自己管理和選擇自己的薪酬福利方案，如有的員工可以放棄醫療保險，因為他的太太的醫療保險已經包含他本人在內，他可利用這部分薪酬福利去抵消汽車保險的支出。

（二）注重非現金報酬

隨著員工教育水準比例提高，員工的需求層次也逐漸由原來偏重於基礎需要，而轉向感情的需要、歸宿和愛情的需要，以及自我實現的需要；由於現代價值觀的日益多元化，員工需求的個體差異也日益擴大。而自助式薪酬體系中，既可以關注員工的發展，讓員工在工作中體驗到成就感，滿足心理上的需求，可以讓員工在生活節奏快速的社會，兼顧家庭與工作，這些非現金報酬所帶來的都是傳統的薪酬制度所不能滿足的。

（三）彈性制度

傳統的薪酬制度中，薪酬內容相對固定，不同的員工都要接受同一種薪酬的回報。而自助式薪酬的最大特點，就是根據員工的個體差異而進行彈性的制定。比如，青年員工可能較為關注自身的發展，企業可以把對員工家庭的補貼，用到對員工提供培訓的機會，而那些居住於公司附近的員

工,可以選擇不要午餐補貼和交通補貼,而將節餘的部分,增加到基本工資,或其他需要的方面。

第四節　企業薪酬制定流程

薪酬制定有其一定的工作程序,從瞭解國家法規開始、進而市場薪資調查,職位分析與評價、瞭解勞動力需求關係、瞭解競爭對手的人工成本、掌握企業發展戰略與發展戰略目標、瞭解企業的價值觀、企業財務狀況,以及企業生產經營特點和員工特點。以下將制定薪酬管理的程序,說明如下。

一、國家法規

每個國家對於薪資,都有不同的規定,依我國勞基法第二條第三款,就有對於工資的規定。像新加入世界貿易組織的越南,也有其規定,根據越南國家勞動法第五十六條規定:「最低工資應當根據生活費用確定,其標準為能保證在正常工作條件下,從事最簡單工作的工人恢復其工作能力,並為部分地提高工作能力做準備。最低工資應當作計算其他工作類別的工資的參考。政府在徵求越南勞動者總聯合會和雇主代表的意見後,定期制定和公布一般最低工資率,以及不同地區和各種行業的最低工資率。在生活費指數上升,造成工人實際工資下降時,政府應相對地調整最低工資率,以保障工人的實際工資。」

二、薪資調查

確定員工薪酬原則時,要做到保持一個合理的程度,既不能多支付,造成成本增加,要謹慎做市場薪資調查,瞭解企業付給員工是合理的待

遇。企業給太多只是增加人事成本，給太少，則企業僱不到員工。

三、以工作評價建立內部薪資等級

想要建立合理的薪酬制度，企業必須先建立起一套完整的工作評價模式。透過工作分析與工作說明書的撰寫，可以明確界定出各個職務的職責所在，藉由各種工作評價的方法，定義出每個職務對於公司的貢獻程度，依不同等級的區別來決定每個職務的相對報酬，確保每個職位所獲取的報酬都具有區隔性，並達到同工同酬的公平原則，以建構出薪酬的內部一致性。

四、以競爭性的薪資吸引人才

瞭解企業所需要的人才，在勞動力市場上的稀缺性，企業勞動力需求狀況，市場勞動力供需狀況，以及企業薪資在市場薪資的水準狀況等資訊做判斷。企業必須藉由和同業間，及整個勞動力市場的薪資水準做比較，以提出具競爭優勢的薪酬制度，在就業市場上吸引人才。一般而言，企業的薪資屬於保密性質，在取得上較不容易，通常的管道，有政府的統計數據、顧問公司的資料，或是企業間互相流通的資訊。透過薪資調查，企業便能利用市場資訊，瞭解競爭者的薪資水準，決定企業在勞動力市場上的定位，以定出每個職位的絕對薪資。建立薪資水準的重要性，在於企業必須瞭解自己的薪資政策，在市場中的定位，是屬於領先政策群、中位政策群或是落後政策群，清楚知道自己在市場上的競爭力，以及所能吸引的目標人才群為何，企業才能檢討策略的優劣勢，並作為改進的依據。前面所提到報酬的因素有很多，因此，公司在進行薪資調查時，不僅僅針對薪水、配股等財務性的薪酬做討論，同時，針對同業中的員工福利、內在性報酬等因素也應深入瞭解，才能更順應勞動市場的薪酬趨勢，及提升自身的競爭力。

五、瞭解企業戰略

企業薪酬管理的目的是，為了實現企業戰略，為了使薪酬管理成為實現企業戰略成功的關鍵因素，薪酬管理原則的制定，應以企業戰略為轉移。應該瞭解企業戰略的以下內容：首先是瞭解企業戰略目標，即企業在行業中的定位目標、財務目標、產品市場定位；其次是瞭解企業實現戰略目標，應具備的以及已具備的關鍵成功因素；其次是瞭解企業實現戰略目標的計畫及措施；最後則是掌握能使企業實現戰略有重要驅動力的資源（人、財、物），明確對企業實現戰略時需要的關鍵因素、核心競爭能力。

六、透過績效評估反映員工的貢獻程度

瞭解企業的薪資結構及水準後，下一步，是要根據員工的貢獻程度，做不同的酬賞，以達到激勵的目的。提到員工貢獻度，一般人最先聯想到的，就是績效考核。目前絕大多數企業的績效評估制度，都是一張表單適用於所有部門及人員，而表單的內容，往往只是粗略性的幾個問題及選項，這些制度設計上的不完善，造成了績效評估制度，常流於形式化及缺乏信度和效度。因此，如何針對不同工作性質，設計出一套制度，真實反映出員工績效的高低，成為目前企業主思考的主要方向。

對於績效好的員工們，當然應給與獎賞，感謝對公司所做的努力與貢獻，同時激勵能有更好的表現；但是對於績效差的員工，也應瞭解其中的原因。一般來說，員工在工作上是否能有好的績效，可以反映在能力、動機及其他三個因素中。因此，企業在發現員工有績效不彰的時候，應該去發掘其背後的問題所在，若是員工的能力不足，則應該給與充分且適當的教育訓練，以增進員工在工作中的知識與技能；若是員工的動機不夠，則應該建立出一套良好的激勵制度來配合，以增加員工改進績效的動機；若

是其他外在的因素，造成員工的績效不好，例如，工作場所的環境干擾、工作所需的設備不足等，則應協助員工排除障礙，使員工能有更好的工作環境來達成工作目標。由此可知，一套好的績效評估制度，不僅能鑑定出個別員工的貢獻程度，還要能找出造成員工績效不彰的原因。

七、定期評估、回饋

薪酬模式的關鍵步驟，是定期的管理和評估。企業除了每年訂定當年度的預算，做定期的追蹤，以及適時、合理的調整，符合當前的環境之外，企業可以藉由審視自己的薪酬制度，是不是建立在公正、公平的原則？在市場上是不是具有競爭力？能不能根據員工的貢獻予以獎勵、激勵？有沒有定期的檢視，及具有可調整的彈性，以作為改進的參考依據。

上述七大項是薪資擬定的大原則，不過在實踐上，「職務薪」體系架構產生方式，必須更為細緻化與精緻化。雖然薪資由職等來決定，職等由市場上人才的供需狀況來決定。不過在建構「職務薪」體系架構，須遵循一定的步驟。

（一）在建立「職務薪」體系薪資架構前，要先將組織中所有的職位進行「職位分析」（Job Analysis），依照職位分析結果得到「職位說明書」（Job Descriptions）。

（二）依照組織的現況，挑選具有代表性的職位，作為「職位評價」（Job Evaluation）的「標竿職位」（Benchmark Positions）。

（三）在進行職位評價前，需要先挑選「可酬要素」（Compensable Factors）；針對組織經營策略與人力需求策略考量，挑選出五到七個可酬要素，並對於每個可酬要素進行「權重」（Weighting）與「重要性」的確認。

（四）其次決定職位評價時的總點數，以及可酬要素分的等級數，並針對各項設定要項，將職位評價表展開。

（五）組織「評價委員會」（原則上由一級主管參與），對挑出的標竿職位，進行「職位評價」，並將每一個標竿職位均評價出點數。

（六）考量組織需求與現況，將所有評價職位，排列後切割成適當的「薪等」，相近評價結果的職位，歸屬於同一薪等。

（七）決定薪資架構的「中位薪」、「薪幅」、「重疊率」，將現有員工薪資現況套入，並進行微調。

（八）將現有員工薪資現況套入新架構，並處理低於所屬薪等最低薪，或是高於所屬薪等最高薪的員工。

（九）依照組織需求與管理考量，決定每一薪等要切割的「薪級」數，並進行切割後的高、低薪微調。

第五節　薪資體系

合理的薪資架構，應是將公司的薪資制度明確化，使員工能有為公司付出之動力及目標，並使其得到合理的報酬，如此方能使優秀員工，繼續為公司服務。但是薪資管理卻是人力資源管理，困難度最高的項目。因為它涉及，1.外部公平──薪資調查；2.內部公平──工作評價；3.個別公平──功績調薪。根據 2013 年蓋洛普調查 142 個國家，其中有超過 6 成的勞工，坦誠自己並非全心全意地投入組織目標。只有 13% 的人，認為自己樂在工作，台灣更少，只有 9%。這原因會是什麼？其中薪資常是其中一項原因。

薪資一般分為「經常性薪資」和「平均薪資」。「經常性薪資」指的是每月受僱員工的工作報酬,「平均薪資」則是包括了經常性薪資、加班費及其他非經常性薪資(例如工作獎金、員工紅利、年終獎金等)。另外,薪資又分為「名目薪資」和「實質薪資」,「名目薪資」指的是依照當期物價計算的受僱員工薪資。「實質薪資」則是名目薪資,是經過消費者物價指數平減後,所實際獲得的收入;換言之,實質薪資是扣除物價上漲因素,之後的所得。

在原則上,應將薪資制度與考績考核制度結合,使考績考核制度的功能,得以充分發揮,並使紅利及年終獎金的發放,不致因人為因素而有失公允。薪資結構是基本薪資(底薪+津貼),和獎金的結合。基本薪資是企業薪酬固定的部分,而獎金則是屬於,浮動酬償的部分。以下將底薪、津貼和獎金,分開加以說明。

一、底薪

勞動基準法二十一條所稱的「基本工資」,並不是指底薪,而是說所有領到的工資,加總起來(譬如,底薪+全勤+餐費),只要超過勞動基準法的要求,就都是合格的。

底薪是僱主支付員工的基本薪資,這是企業對於員工,所提供勞動力的報償,其內涵可分為年功給、職務給、職能給三種。

(一)年功給(依學歷、年資、考試、經驗):此型是依據個人之學歷、年資或經驗等條件,來決定薪資的等級。在亞洲國家廣被採用,尤其是早期日本企業,因受終身雇用制度的影響,使得年功薪更為普遍。

(二)工作給(職務給):組織基於內部公平性的考量,依據個人工作之質與量的相對價值來決定薪資。所謂相對價值,是指工作所負的責任

度、困難度、危險度與複雜度等要素，來決定其相對價值，做為薪資設計的基準。採用職務薪必須確立工作分析與工作評價。亦即依「同工同酬」之原則，來決定薪資，職務薪在歐美國家較為盛行。

（三）技能給（職能給）：職能薪是依據員工個人專業技能、企業核心能力，或對某一職務的貢獻度，來決定薪資的高低。一般而言，對工作表現的能力，包括潛在能力與外顯能力。前者是指基本能力（知識、技能、體力）、意志力（規律性、協調性、積極性）與精神能力（理解、判斷、企劃力），而後者是指業績的貢獻度，亦即依績效評估之結果，予以敘薪。

二、津貼

包含以下項目：

（一）物價津貼：每家公司都不一樣，但近幾年有些國家物價波動極大（如中國），物價只要有變動，津貼就會跟著調整。

（二）眷屬津貼：公司針對員工眷屬及子女，提供部分醫療補助，或公司派任的駐外人員，同行的眷屬，公司若補助機票，機票及醫療補助都屬於眷屬津貼。

（三）房租津貼：房價過高，而房屋租賃市場大漲，為讓員工無後顧之憂，公司所提供的房租補助。

（四）專業津貼：針對特殊技能或資歷的員工，所給予的補助。

（五）危險津貼：譬如輻射、噪音，或當員工從事危險性工作，甚至有生命疑慮，所給予的額外補助。

（六）職務加給：因擔任主官（管），所承擔的責任與壓力，所給予

的補助。

（七）地域加給：譬如早期到中國大陸，如今到越南緬甸等新興國家工作，而遠離家鄉者，所提供的補助。

（八）超時加給：對於超過工作時間，或過年別人休假，而少數人卻仍需奮戰於職務崗位者，所提供的補助。

（九）其他加給：交通費的補助，或其他特殊情形者，譬如晚上8點以後才下班，假日更是要 Oncall 待命，對這些人所給予的補助。

三、獎金

獎金是一種鼓勵員工，朝企業目標前進的具體方法。如何妥適規劃生產、業務、研發及運籌單位的獎金制度，關係到整體員工的士氣。因為只要獎金若制度或評鑑稍有不公，就常會讓主管或是人資部門，難以擺平各種內部衝突。一般來說，獎金的種類，可分為績效獎金、考績獎金、年終獎金、提案獎金、資深獎金，以及全勤獎金。當然不同性質的企業，獎金的類型，也可能會有很大的差異。

薪資方案優劣分析	屬人薪資	屬職薪資	屬能薪資
特　色	衡量年資、學歷，給付薪水	不執行該職務，則不支薪（職務已標準化者較適用）	能力夠，不執行該職務，亦給付該職位之給薪
優　點	重視前輩，尊重經驗（組織與工作相關者較有利），具保障性	具同工同酬（不同工作不同酬），較具客觀性（可與工作配合），以及某種程度的保障	激勵真正有能力者，能具加薪彈性（只要認定能力夠），較具開放、專技導向

| 缺　點 | 可能高薪低就，薪資成本不斷增加，較無法激勵年輕而能力強之員工 | 職級需先設定，較複雜易僵化，以升等、升級為加薪依據（人事管道升遷阻塞時，較缺乏激勵性） | 過度競爭，較不尊重前輩（傾向個人者主義），能力評定較不易明確，薪資管理不易 |

資料來源：吳秉恩（1999），分享式人力資源管理，翰蘆圖書出版，頁472

第六節　企業福利

　　組織在辛苦找到並僱用所需的人力後，如何留住這些人才，就成為一項要務。一般常用的誘因，包括住房津貼、明確的職涯規劃、教育訓練、薪水外的特別福利，如國外旅遊或交通補助，以及經常性的考核調薪。另外，對員工的不滿與疑慮，快速做出反應，也是很重要的。關心員工福利與職涯發展的公司，比較不會遇到員工被大量挖角的困擾。

　　企業福利包含的範圍非常廣、分類繁多，但主要是指薪資以外的各種福利。基本上，「健康檢查」及「教育訓練」等兩項福利措施，是所有廠商都有提供的。企業為了爭取人才，無不卯足全勁，對員工提供健康檢查、教育訓練、醫療人員、營養師、分紅入股、員工紅利。簡單來說，主要以優渥的獎金與舒適的工作環境為主，涵蓋彈性工作、托兒服務、健身設施、健康諮詢、週休二日、年度國內外旅遊規劃、三節獎金（含年終獎金）、績效獎金、生日禮金、結婚禮金、喪病補助金等、員工紅利、退休金給付制度、完善的教育訓練體系、升遷管道通暢、勞／健保及團保、上下班不需打卡等。伴隨著經濟的發展、所得提升，薪資不再是員工唯一追求的目的，員工對福利的改善不但愈來愈注重，員工福利的內涵，也將日

益個別化與多元化。在此種轉變下，企業對其福利、薪資制度，因而成為非常關心的問題。

一般來說，企業福利涵蓋經濟性福利、工時性福利、設施性福利及娛樂及輔助性福利。

一、經濟性福利

這些福利是對員工，提供基本薪資及獎金以外，若干經濟安全的福利項目，以減輕員工之經濟負擔，或增加額外之收入。譬如，年終獎金，三節禮金，生日禮金，結婚禮金，住院慰問金，生育補助金，購車優惠等。

二、工時性福利

這些是與員工工作時間長短，有密切關聯的福利，如休假或彈性工時。

三、設施性福利

這些是與企業設施有關的福利，如三溫暖、游泳池、員工餐廳、閱覽室、交通車與托兒設備等。

四、娛樂及輔助性福利

這些是增進員工社交及康樂活動，促進員工的身心健康的福利項目，如員工旅遊、藝文活動。在企業各項員工福利措施中，經濟取向的福利，最受台灣勞工歡迎，其中年終獎金、分紅入股、退（離）職金、個人給薪假，分別占員工「最愛」福利措施的前四名，對員工最具激勵效果，且對員工的工作動機與表現，也影響最大。

員工福利雖有以上四大類，但實際需求是有所差異的，以下將其差異性分別如下：

（一）女性員工對「健康檢查」、「三節禮金」、「員工獎助學金」、「眷屬獎學金」、「伙食補助」、「交通車」、「特別休假」、「產假」、「員工輔導」、「員工分紅入股」、「員工旅遊」、「急難救助與員工撫卹」的需求性高於男性員工。

（二）年紀輕的員工對「三節禮金」、「員工獎助學金」、「伙食補助」的需求性高於年長的員工。

（三）擔任行政工作的員工在「員工獎助學金」、「急難救助／員工撫卹」、「伙食補助」、「交通車」的需求性，高於主管或專門技術人員。

（四）有 16 歲以下子女的員工，對「員工旅遊」的需求性，高於沒有 16 歲以下子女的員工。無 16 歲以下子女的員工，則對「分紅入股」的需求性，高於有 16 歲以下子女的員工。

（五）薪水低於 3 萬元的員工，對「三節禮金」的需求性，也高於薪水 3 萬元以上的員工。

第七節　退休金

企業要能永續經營，員工功不可沒，如何安撫員工的情緒，及照顧員工的權益，是企業主責無旁貸的責任。其中在員工貢獻數十年後，如何度過晚年，實為重要課題。

退休金的演進，距今已有兩三百年的歷史，以前退休金的意義，只是單純上對下的賞賜性質。但隨著時代的演變，雇主已多將退休金，作為管理的工具；致使長期以往，員工認為領取退休金成為理所當然，而使退休

金成為延後給付的薪水。近代各國，雖對退休金的定義，已成為延後給付的薪水，卻也是員工應得的報酬。我國退休金制度，則由原來的確定給付（Defined Benefit Pension Plan），改成現在的確定提撥（Defined Contirbution Pension Plan）制度。新制度的變革宗旨，就是希望能增加勞工退休後的生活保障，同時能以此加強勞僱的關係。

我國新的勞工退休金條例，於 2004 年 6 月 11 日於立法院通過，2004 年 6 月 30 由總統公布，並於 2005 年 7 月 1 日開始實施。新的制度將讓員工的退休金，能夠自由帶著走，而雇主部分，則須按月提撥至少 6% 的勞工退休金。此一政策的實施，對廣大的勞工與企業來說，影響可說相當重大。新的退休金方案，有下列五種特色：

一、可移轉

新的退休金制度採用個人退休金帳戶制度，受僱者帳戶中的退休金，不會受轉職，或企業倒閉與停業的影響。

二、退休後年金保障

退休金帳戶與年金保險方案，採年金給付方式，以保障退休後的生活所需。

三、新制與舊制並存

受僱者可選擇要繼續使用舊的退休金制度或轉為新制，選擇舊制者，其退休金不會因而減少；選擇新制者，也可保留其年資，在退休時，其退休金會依勞動基準法的規定計算。

四、擴大適用對象

實際從事勞動的雇主及經由雇主同意為其提繳退休金之不適用勞動基

準法的本國籍工作者或委任經理人，得自願納入新制。

五、雇主經營成本明確

雇主依新制可明確估計經營成本，減少為規避退休金，而藉故資遣、解僱員工的勞資爭議。

第八節　外派人員薪酬管理

在全球化初期，公司首先要確保，擁有一批充足、能動性高的優秀人力資源，以配合其全球化策略的需要，派駐海外所建立的子公司。在國際人力資源管理中，外派任務失敗（Expatriate Failure），是一個長期困擾企業的問題。根據粗略統計，在已開發國家公司的外派失敗率（Expatriate Failure Rate）為 25% 到 40%，在開發中國家的企業，更高達 70%。失敗的成本，不但包括了許多直接成本（薪資、訓練、旅費等）也包括間接的成本（如失去市場占有率、破壞和當地政府的關係、因當地員工不滿造成生產力下降）。企業要如何打贏這場仗，駐外經理是關鍵！

駐外經理若無重金激勵，要員工貿然離家、遠赴海外，為企業打拼，顯然並不容易！因此駐外經理的報償，是非常重要的激勵措施。所以企業首先要建立一套健全且有效率之駐外報償管理制度，以確保員工有高度的派外意願。

一、報償政策目標

駐外人員報償政策之目標，主要有四項：

（一）公平性：建立及維持一個公平、合理而有效之制度，使全體員工都能接受，並且樂於為公司效力；

（二）競爭性：能夠吸引和留住優秀合適之派外人才，並鼓勵人才接受海外派遣；

（三）成本效益：薪資報償政策應該能夠幫助企業以最具有成本效益的方式在國際間調派員工；

（四）策略性：報償政策應配合企業整體之策略、結構以及業務需求；

（五）激勵性：能夠激勵外派員工努力工作、善盡職責。

二、薪資給付標準

駐外人員之報償結構中，薪資給付標準及給付方式，可概分為五種：

（一）按母國薪資加成給付，單一薪給中，已包括國外服務特殊給付或生活補助津貼等；

（二）保持原有母國基本薪給，另外核算國外服務津貼或生活補助津貼等；

（三）保持原有母國基本薪給，另外核算多種特殊給予，可能包括海外津貼，生活補助津貼，以及其他各種補助給予，以使員工能應付當地一切開支；

（四）保持原有母國基本薪給，再加上派駐地之薪給；

（五）按派駐期間長短而決定。

三、駐外人員報償內容

為了保有留住人才之競爭力，企業通常會考量地主國的薪資水準。所以派外人員的報償內容，應該涵蓋以下六項。

（一）基本薪資：勞依雙方合意約定；

（二）海外工作加給：鼓勵派外，基本薪資的 10 到 50%；

（三）艱苦獎勵金（辛苦津貼）：補償在艱苦地區工作者，基本薪資的 10-25%；

（四）所得稅支付補助：針對母國及地主國重複課稅的問題，母公司應給予補助；

（五）津貼：應涵蓋返鄉探親的機票補助，生活津貼（維持與在母國時相同的生活水準），房屋津貼，子女教育補助（Education Allowance），搬家津貼（Relocation Allowance），及可能生病的醫療津貼；

（六）福利：社會福利保險、退休金計劃、旅遊等。

績效管理

績效管理既是一種工具,也是一個過程,管理者必須先明瞭所要達成的結果或境界,然後選擇正確適當的方法達成目標;所以績效管理是利用各種技術,透過計畫、評量等方式,不斷修正執行過程,以符合組織需求,提升組織功能,達到組織目標,有系統管理活動的過程。

一群住在森林裡的蜜蜂，每天忙碌穿梭在花叢和蜂巢之間，勤奮採集花蜜。有一天，蜂王為了提升大家的工作績效，決定導入績效管理制度。因此在每隻蜜蜂身上，都裝了高科技的感應器，用來紀錄每天接觸花朵的數量，做為評估績效的依據。蜂王假設蜂群接觸花朵的數量愈多、範圍愈廣，整體採集到的花蜜，就會愈多！然而新制度實施一段時間後，卻是事與願違。每天採集到的花蜜總量，不但沒有增加，反而每況愈下。逼得蜂王趕緊找來第一線的蜜蜂，瞭解原因。原來在新制度下，每一隻蜜蜂都以「接觸更多花朵」為目標，反而刻意減少在每一朵花，停留的時間，以儘早飛往下一朵。同時因為身上的蜜愈少，可以飛得愈快，大家也刻意減少單次的採集量，以降低飛行時的負荷。原來有瑕疵的績效管理制度，反而成為達成目標的障礙！

第一節　績效管理

如果從積極角度來看，績效管理的目的，並不是僅在年底評出員工績效成績，並且據以給予員工獎勵或懲處，而是要協助企業達成整體的經營指標。為什麼績效管理，能夠展現出這樣的效果呢？最主要是績效管理的結果，可協助主管用來觀察員工行為，提供管理階層相關的參考資料，並可用來作為釐訂，或調整對薪資的標準，員工升遷調任、生涯規劃、解僱、資遣，和提早退休等等的依據。藉此以引導員工，朝企業目標邁進，達到「人適其職」的理想；就反面來說，亦可用作選用或留用員工的參考，更可用來淘汰冗員。

許多主管誤以為「績效管理」就等於「打考績」；其實，俗稱「打考績」的績效評核，只是績效管理系統的一小部分；日常工作中的管理，才是達成年終績效目標的關鍵。若以開車來比喻，達成年終目標的過程，員工是司機，主管就要像 GPS（全球定位系統），除了指出目的，還要在車輛偏離軌道時，適時發出警訊，將其導回正途。

績效管理係人力資源管理中，極重要的一環，許多企業以績效作為員工晉升與訓練的參考指標。從傳統的績效考核，到績效管理的跨越，是管理觀念和管理方法上的革命。在目前快速變化的經濟環境中，如何提升企業組織的效能，績效管理是其中一項重要手段。它能幫助企業將個人與組織緊緊相連，進而提升全體的競爭力，以達成營運目標，是當前企業管理者極重要的課題。

一、績效定義

《韋氏辭典》將績效定義為：

（一）完成某些事件的行動或過程；

（二）指完成事件而言；

（三）達成要求目標；

（四）達成既定結果；

（五）對某些刺激行為的反應；

（六）在動態行動中表現行動的特點。

　　就這六點的精神，可將「績效」界定為，達成企業特定目標或方案的程度。工作績效（Job Performance）則是指一個人的工作貢獻價值、工作品質或數量，亦即員工的生產力。「工作績效」可依個體，對組織目標貢獻程度的高低予以評估，但過去對工作績效的認知和評估，往往限於所謂任務性績效（Task Performance），卻少將輔助性績效（Contextual Performance），置於績效評估項目中。「任務性績效」重視在工作精熟度（Proficiency），以期能順利完成任務，故偏重在知識、技巧及能力上的個別差異。「輔助性績效」強調在主動性和性格，因此重視所謂人格特質（Personality Characteristics）。目前一般企業所採用的績效項目，常因研究對象不同，而有所差異，主要原因是各產業的組織目標、結構不同，而採取不同的績效目標。

二、績效管理意義

　　績效管理是企業對其員工，在過去某一段時間內，工作表現或完成某一任務後，評核其所做的貢獻，並判斷其發展能力，以瞭解未來執行任務的成功機率，並以此作為獎懲、調薪及升遷的依據。績效管理既是一種工具，也是一個過程，管理者必須先明瞭，所要達成的結果或境界，然後選擇正確適當的方法達成目標；值得注意的是，不當的績效管理制度，會使

忠誠、有能力，且自動自發的員工感到氣餒、不服，甚而引起法律訴訟。所以績效管理是利用各種技術，透過計畫、評量等方式，不斷修正執行過程，以符合組織需求，提升組織功能，達到組織目標，有系統管理活動的過程。其目的主要是用來評量員工工作的能力與表現，建立組織與個人間，對目標以及如何達成該目標的共識，藉由提供員工適當的成長發展訓練，以提升目標達成的可能性，與整體組織的效能。有效的績效管理，除了一開始目標的訂定、規劃、溝通、評估等，還需要持續且準確的稽核，與不斷地調整。

基本上，「績效管理」有三大目標，一是「策略性目標」，這主要達成組織的長短期目標；二是「管理目標」，這是做為晉升、獎懲的依據；三是「發展性目標」，這主要是開發員工潛能，改善工作績效之用。所以企業不要藉「績效管理」，行壓榨員工之實，否則只會得反效果。因為員工不愉快的離職，勢必要增加雇用及訓練新人的成本。就算新人上手，團隊績效至少要三個月才恢復。成本的增加，績效的低落，誰來承擔？根據美國進步中心（APC）的研究顯示，以年薪 7.5 萬美元來說，換新血的成本，相當於年薪的兩成；若是高階主管，成本更高達213%。

就一般組織評估制度而言，大致分為績效管理、績效評估等兩種，其目的與方法截然不同，但不少人力資源管理人員及主管，卻將它們混為一談，以致產生許多管理上的問題。事實上，績效管理是基於員工訓練，與發展的目的，運用的是絕對評估的方式。也就是拿員工的實際表現，與預期目標做比較，再據此找出可以改善之處。至於績效評估（或稱績效考核）則是為了調薪、發放獎金、升遷等員工獎懲目的，運用的是相對評估的方式，也就是透過員工間的相互比較，來決定員工考績的好壞。

三、影響績效變數

企業營運一段固定時間後（月或年），則有必要檢討這一段時間內，企業的業務，是否達到預定目標。如果沒有達到目標，必須檢討沒有達到目標的因素，以及改善的對策。如果這段時間內，已經達到或是超越業績目標，則必須重新擬定下一期的業務目標。衡量組織績效構面，約略可分：

（一）財務績效（Financial Performance）

常用的指標，包括投資報酬率、銷售成長率等。

（二）營運績效（Operation Performance）

除了財務績效外，再加上市場占有率、產品品質、新產品導入、附加價值等非財務性指標。

（三）組織績效（Organizational Effectiveness）

指非財務性與利害關係人有關的指標，如員工士氣等。影響以上績效的因素相當多，因此對於組織績效評估與衡量，必須兼顧多重構面。不過，大致仍可區分為兩類，一為外在因素：包括法令因素、經濟環境、社會文化背景、科技發展等；另一為內在因素，亦即企業本身的條件，包括組織規模大小、企業文化、擁有資源之多寡等。

影響國內企業與多國籍企業的績效，是有所不同的，與國內有所不同者，主要在於外在環境的影響，可能使派外人員的潛能與績效受到抵減，例如，實體距離的間隔造成溝通障礙，使得公司總部無法適當的觀察和記錄派外人員的行為，因而影響績效評估的正確性；文化上的差異，對派外人員或其配偶、子女適應力上的影響，亦會影響派外人員的工作績效。許多文獻指出，個人及文化的適應能力，深深影響派外人員的工作表現。

此外，不同的任務性質、派駐期間的長短等，均會使派外人員的績效，受到不同程度的影響，例如，創立子公司者或高階主管，必須長期深入地主國社會，所受外界干擾程度將會較大。當然，地主國的政治、經濟、社會環境、任務性質、個人因素，都可能是干擾源。

四、績效管理相關理論

各種理論均可分別提供績效管理的理論基礎，並從而衍生種種績效管理的激勵誘因制度設計，與績效評估指標的提供。績效管理相關理論，大致可分三類：

（一）探討人類需求內涵

包括馬斯洛（Maslow）需求層次理論，及 Herzberg 的雙因理論。馬斯洛提出生理需求、安全需求、社會需求、尊敬需求、自我實現需求等層級。當較低層次的需求被滿足後，人們便會嚮往更高層級發展，愈是到高層級，則先後滿足順序愈不明顯，且不同的人，有不同的需求層級及順序。換言之，馬斯洛的理論，強調激勵可提升員工生產力，而員工福利是提升員工滿足程度，但員工的需求會隨經濟發展、所得階段的不同而異。因此企業必須不斷地更新其員工福利的內涵，以滿足員工在不同階段時的需求。Herzberg 簡化需求內容，提出激勵因素與保健因素，主張缺乏保健因素無法使員工有所行動，但保健因素只能使員工維持一定之工作水準，必須加上激勵措施才能使績效提升。此理論提示企業主，必須在設定能充分滿足員工基本需求的薪俸外，提供激勵因素，使員工追求更高層次的滿足。

（二）個人行動與結果

包括預期理論、學習強化理論、目標設定理論、平等理論。

1.預期理論

預期理論提出員工採取某項行動，是由三項預期因素所決定。首先是員工對工作所須付出努力的認知與判斷，其次是對於績效與員工貢獻間的信念，最後則是這些績效對於員工的價值，若員工對這三者當中任何一項考慮有所質疑，將失去動機來達成團體任務。

2.學習強化理論

學習強化理論認為任何行為，將由其結果所決定。當員工酬勞取決於員工工作績效時，酬勞增加將提高員工績效，因此，清楚地定義員工行為，縮小報酬與行動間的時間差距（快賞快罰），都將強化行動與報酬間之關係。

3.目標設定理論（Goal-Setting Theory）

強調目標應由員工自行設定，讓員工自行將工作目標，與個人需求結合在一起。研究發現，設定愈困難的目標，將導引出愈佳的績效產出。當然，這不是要主管設定「不合理」的目標，而是在員工有機會達成的狀況下，設定一個挑戰性目標。另一方面，目標也必須夠明確，讓員工知道自己應達成什麼樣的目標水準。因此，目標設定不只是隨便設一個職責要求就算了，必須訂出明確的目標，以及達成度與困難度。

4.公平理論

公平理論認為雇主和員工之間，是一種交換的關係。企業主提供各種報酬，員工提供工作績效和人力資源，當員工認為報酬與其貢獻，大致成比例時，員工將對其交換關係感到滿足。除了比較個人績效與個人貢獻比例關係之外，員工也會和同一組織其他人，或不同組織成員做比較，並依據其個人所認知的公平情況，調整其個人績效投入，以達到個人認知平

衡。

（三）成本分析

邊際效益生產力理論，主張企業主為了降低其生產成本，以利市場競爭，因此必須按照員工邊際生產力給與報酬，因此，員工必須選擇一個組織，在這個組織中，員工能發揮才能，並達到比在其他組織，更大的邊際生產力。此一理論假定員工邊際生產力，可以仔細計算。非正式契約理論駁斥邊際效益生產力理論所持成本及績效，都得以精確計算說法。該理論提出企業主不應支付員工同樣薪水，因為支付生產力較差員工同樣薪水，將導致成本增加。另外，該理論也主張有一些外在性，非員工能控制之因素，也會影響員工之生產力，雇主有必要針對這些因素，與員工共同訂定契約，而契約中，對員工績效與待遇間之關係應有明確規定，以降低成本。

五、績效管理發展過程

績效管理源自於美國軍隊，19 世紀初，英國蘇格蘭地區的一家棉花工廠，採用棉花顏色等級制度，作為員工工作產出的評核標準。這時期績效評估著重於員工產出表現。19 世紀末期，泰勒（F. Tailor）的科學管理理論，及費堯（H. Fayol）和韋伯（M. Weber）的科層化理論，都主張任務導向的生產管理，相信物質誘惑可以提升勞動力。1930 年代，梅堯（E. Mayo）推翻「胡蘿蔔與棒子」提升生產力看法，認為主管的關懷才是重點，員工受關懷程度會影響其工作表現。

1950 年代，典型績效評估發展為特徵評核（Trait-Based），主要是由主管總和部屬人格特質與工作行為進行評估，但因太過偏重質化資料，而易流於主觀，所以 1960 年代對以往評估方法有所改進，特別是將杜拉克

（P. Drucker）目標管理（Management By Objectives）的邏輯思維，應用到績效管理，強調主管與部屬須以組織目標為工作目標。其缺點是太過於強調應達成的任務，而忽略達成的手段。

1970 年代管理制度以權變理論為主流，開始使用評核中心（Assessment Centers）及行為錨定量表（Behaviorally Anchored Rating Scales, BARS）。評核中心重在工作有關的行為向度，其評估的項目，涵蓋人際關係、協調能力、執行能力與行為態度等。行為錨定量表則是對員工各種工作行為予以記錄，以作為員工績效評核依據。1980 年代強調工作行為與目標達成並重，因而開始將行為導向與結果導向等評估法結合，此時人力資源管理界已逐漸將「績效評估」改為「績效管理」。1990 年代，績效評估已著重員工能力、工作素質、品德操守、專業知識、學習進取精神、對企業的貢獻、出勤記錄等項目，其任務包括結合薪資與激勵、教育訓練與發展、組織文化重塑、協助全面品質管理等。

目前企業用績效管理的制度，來取代傳統的績效考核，主要的重點，就是期望確保員工的各項年度工作指標，能夠充分支援企業整體經營目標，同時保持年度工作指標的彈性，以因應環境的變化。

六、績效管理流程

績效管理終極目標，是要為企業發展策略層服務，因此個人目標和部門目標的確定，都離不開企業層面的戰略目標。為達此目標，績效管理流程是一定要有的。它是一連串規劃、執行、溝通、評估等活動與不斷地調整的過程，可區分為以下五個階段：

（一）績效規劃（Performance Planning）

績效規劃階段展開前，必須先瞭解組織的使命，與全面性目標為何，

主管與員工應一同討論未來要達成的目標；在此階段，主要應完成可達成量化的目標與標準，亦即評估工作績效的內容與標準，其次是分析員工應如何達成目標，即所需具備的能力、行為及發展規劃。

（二）績效執行（Performance Execution）

績效執行係實際進行績效管理的過程。除了員工充分瞭解他被期望達成的結果和衡量的標準，同時，也瞭解組織期望該員工，應具備的才能與技術為何。另一方面，主管也應隨時檢討員工的工作情況，持續給予回饋與指導，以協助員工達成目標；若目標及工作內容需要修改時，主管應與員工進行溝通、達成共識，並記錄修改的內容。

（三）績效評估（Performance Assessment）

先行由員工進行自我評估，進而從客戶、同事或部屬端蒐集相關資料；同時，主管評估員工績效時，可整合其他相關部門主管的意見，再與員工進行晤談。

（四）績效面談（Performance Review）

透過面對面溝通，主管與員工一同討論這段期間內，已達成的目標、績效、行為的有效性、整體的績效評鑑及訓練成長的進度與結果。同時讓員工明白，上述各項資訊，同時也是未來調薪、升遷、人才培訓及資遣之參考依據。

（五）績效再生（Performance Renewal）

此階段可謂第一階段之翻版，根據時空環境的改變，重新進行績效規劃。員工和主管可以修正原訂的目標與標準，發展出更契合當時可使用的發展目標與行動計畫。

有效的績效管理，具有五項基本要素，即：明確有利的戰略；具挑戰性且可評量的目標；與目標相適應的組織結構；透明而有效的績效溝通、績效評價與回饋；績效成績應用。如何建立一套「環環相扣」的績效管理體系，而不只是「頭痛醫頭、腳痛醫腳」，成為企業迫切需要解決的重大課題。完整的績效評估概念，除了包含檢討員工過去的績效表現外，更重要的是要能藉由績效評估，來協助員工在工作中，能夠成長與進步。因此，績效評估應提供企業和員工，「評核性」（檢討過去表現）與「發展性」（強調未來發展）兩方面的訊息，以便作為各項人力資源活動與個人改進的依據。

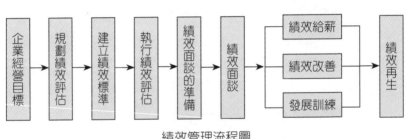

績效管理流程圖

第二節　績效評估

績效評估（Performance Appraisal 或 Performance Evaluation）又稱績效評價、績效考評、績效考核，它是各級主管的重要職責。合理的績效評估，能夠克服管理者的偏見，創造企業內公平競爭的環境；同時進一步協助員工，釐清其目標與期望，解決員工所遭遇的困難與瓶頸。

F. Luthans 教授認為績效評估，可作為：

一、績效回饋；

二、成果肯定；

三、人事紀錄；

四、能力開發；

五、業務改善依據等方面的功能。

D. J. Hellriegel 認為績效考核的目的是：

一、薪資報酬的決策；

二、人力異動的依據；

三、績效的回饋；

四、訓練需求的證明。

事實上，主管階層若能主動與員工溝通，則有利於明瞭如何提供員工成長所需要的支持與輔助，因此，更容易得到認同和發展，結果也更能提高個人與團隊績效及企業長遠的發展。

一位傑出的經理人，每天平均花 70% 的時間，在做「走動式管理」，而這其中至少有 40% 的行為，都可被視為「持續性的績效管理」。諸如督導、協調、激勵、發現問題，和解決問題等，不但有助於提高員工工作士氣，更能確保員工的作為，與主管的期待相吻合。事實上，績效管理不彰的關鍵，往往不在於檢討制度，而在主管的領導與溝通能力。

總的來說，績效管理是處理獎懲、薪資調整、人事異動、教育訓練及業務改善等的依據，亦可激勵員工的工作情緒，進而提高組織士氣。不過，以往普通員工對績效評估是抗拒的，但這種現象已有所轉變，因為績

效評估可更加瞭解自己的優缺點，同時瞭解自己的績效，對於落實組織策略，達成部門及企業整體目標達成的貢獻。企業若能建立健全的績效管理體系，則會具有相當的外部經濟性，尤其是企業的客戶、供應商、金融機構、政府等，都可能因此受益。

一、績效評估目標

績效管理以目標設定為基礎，而目標設定必須符合"SMART"（Specific, Measurable, Achievable, Result-oriented and Timebound）所代表的五項基本原則。就組織層面而言，個人目標應與公司策略、主管目標協同一致。就個人層面而言，個人月或季目標，應與年目標協同一致。目標設定的過程而言，尤其應注意公平程序建立的三原則——「參與」（Engagement）、「解釋」（Explanation）及「期望透明化」（Expectation Clarity）。「參與」是指由於整個制度的完成，在最後是要依靠所有主管階層的人員來落實與執行。因此，在制度建構的過程中，參與與理解程度，以確保制度建成以後能真正被執行落實。在目標制定的過程中，應邀請員工參與表達意見，並提出個人認為適切的衡量方法，甚至提供彼此互相辯論的機會，以求得多數人的共識，並達成提高決策的品質。「解釋」是指在訂立目標時，應詳細說明與解釋，制定的緣由與思考的邏輯，若有與員工意見相左之處，則應妥善回應。雖然企業並非依據民主機制運作、員工所提也無須照單全收，然而充分的說明與解釋，確是必要的過程，有助提升員工對決策與目標的認同度與向心力。「期望透明化」指的是讓員工知道公司對他們的期望、新的目標與遊戲規則為何、如何衡量、何時衡量，以及所對應的賞罰機制。

績效評估的主要目標，其優點有：

（一）提供績效標準討論的機會和管道，這主要是因為績效考評指標

體系建立後，在考評中，難免會出現人為誤差或系統誤差。

（二）提供主管監督部屬工作，並辨認部屬工作表現的優、缺點的機會和方法，以作為更有效的人力運用。

（三）決定薪資、升遷、調職、資遣及員工生涯發展，相關人事決策所需的參考資料。

二、績效評估目的

（一）加速企業目標達成

在績效標準確定之後，記錄及比較實績與標準的差距，則有助於企業目標的達成。因為掌控計畫執行的進度，就比較容易即時發現問題，並進行修正，透過前述的循環、控制的程序，在蒐集各種報表資料的分析，使訊息及結果能夠即時傳遞給決策規劃人員與執行者，俾能據以針對問題所在採取適當的對策，這種循環回饋的功能，使目標能正確地被達成。

（二）協助員工發展

能提升員工工作的滿足與勝任感，使員工樂於從事該項工作，幫助員工愉快地適任其工作，並發揮其成就感。同時，也使員工瞭解自己的工作缺陷，充分體認自己的立場，從而加以改善，企業亦可依此作為訓練與發展的依據及指標。

（三）經濟目的

在管理、考核的過程中，能減少因嘗試錯誤所導致的資源浪費。這就有助於各項資源有效的分配及使用，使計畫能以較少的成本來推動，充分達到「經濟的目的」。

（四）正確決策

運用績效管理的管制考核技術，可作為工作的有效管制，並利用適當的情報資訊，做正確的決策反應，並且可以作為下一個計畫訂定的參考，經過不斷的經驗累積與改進，促成組織目標的達成。

三、績效評估準則

績效評估的準則，對員工的行為，會有相當大的影響力。

常見的準則，有以下三種：

（一）工作成果

如果只求目的而不問過程，管理當局就會以工作成果，來評估員工績效。例如，以產量、品質及生產成本，來衡量處、科長、主任等層級的績效；以銷售量、銷售額及客戶人數，來衡量銷售人員的績效。

（二）工作行為

很多時候常很難找出某名員工對特定成果的貢獻有多大，尤其是幕僚人員和被指派到某團體中工作的員工。以後者來說，整個團體的成果可衡量出，但各成員的成果則難以認定，此時管理當局常改以工作行為，來衡量員工績效。這些行為不一定非得要與個人生產力有關不可。

（三）個人特質

雖然個人人格特質和員工是否能有好的工作成果並無太大的關聯，但現實上，專業經驗強、服務與工作態度佳、值得信任等，都是完成工作的必要條件。

第三節　績效評估核心議題

在績效評估的實踐階段中，員工的績效評估，究竟應由誰來進行？績效評估在什麼時候進行最為合適？用什麼標準來對員工進行績效評估？績效評估的程序為何？以上這些議題都是績效評估的核心問題。

一、評估者

評估可以是多元，也可以是一元，但組織常見的評估，有以下五種。

（一）單位主管

企業都是用主管來考核部屬，因為單位主管最瞭解員工每天的工作情形，較能真實反應員工的績效。但由於雙方的角色扮演不同，認知上也有所差異，因此產生認知上的衝突。

（二）部屬人員

由部屬人員來評估其上司，目的在於幫助主管，提升他們的管理及領導力。過此方法雖可使員工的工作相關需求，獲得有效的回應，但員工也可能因害怕主管的報復，而給予較正面的評估，或是員工挾怨報復，而給予較負面的評估。

（三）同僚

目前績效考核以主管對部屬考核為主，尚缺少多面向的考評資訊來源。同事是指員工在同一工作團隊或單位的同事，或是同一組織中彼此職位或階級相仿的其他員工，同事評估是指員工個人的績效，由其同事進行評估。就某些工作而言，工作績效一般很難藉由上司來加以正確地評估；同事由於與受評者間有較為密切的互動關係，應較能夠瞭解同儕工作性質

與工作績效,所以同事的評估,可提供員工的績效較為適切的觀點及面向。

(四)自我的評估

員工如果瞭解到他們所要達成的目標及評估標準,則他們可自行評估績效,以便發現本身的優缺點,進而設定工作目標及教育訓練的方向。

(五)顧客評估

顧客的行為,可直接反應出組織經營、成功的程度。譬如,對於顧客做直接接觸的第一線人員而言,顧客的回饋,常常反映出他們的服務品質和水準。

二、工作時機

一般來說評估時會有兩種選擇:

(一)為正式的評估:即公司在固定的期間內,例如,每六個月或每年,即會舉行績效評估;

(二)為方案完成後即進行績效評估,以便能對此方案的成果做立即性的回饋。

對於高科技公司而言,由於變化很快,因此績效評估的期間必須縮短,可能是三或四個月,這樣的要求,是因為可配合實際的工作循環。若評估的目的是為了促進公司上、下層級的溝通、提高生產效率,則間隔期應當短一些;若評估的目的是,為了人事調動或晉升,則應長期地觀察員工的工作績效,以免被某些員工投機取巧的行為所蒙蔽。新進員工剛接手工作,尚處於適應期間,為了檢討甄選結果,故要比一般員工更常接受評估。

三、評估標準

在進行績效評估時，應注意六項原則，那就是公平確實，客觀周密，依據事實，認真嚴格與信賞必罰，考核結果應回饋給被評估的員工，平時考核與定期考核並施。至於評估的標準，常見的標準有，絕對標準法、相對標準法、目標管理法。

（一）絕對標準法

主要在評估員工是否符合公司的行為標準，而非與其他員工的表現做比較。其方法有下列五種：

1. 評估報告

主管在評估期間內，以具體的書面敘述，來說明員工對於服務與工作表現有何特殊的優缺點、潛力和改善的建議。

2. 重要事件法

評估者針對員工平常工作中，各項重要工作的特殊表現及行為，一一記錄於評估表中，尤其是員工哪些行為表現，嚴重影響員工工作成果。

3. 檢核評估法

評估者使用行為檢核表，以員工實際的行為，逐項予以評比。

4. 圖表示平等法

評估者表列出對工作行為或表現的描述，並且勾選出與實際工作績效相符合的評分。

5. 行為錨定平等法

這是結合傳統的評比尺度法，和加註重要事件行為等兩種方法的結合。

平等法範例表

績效變數	績效程度
1.服務與工作品質	□非常符合標準□不符合標準□符合標準□低於標準
2.服務與工作量	□未達標準□剛達到標準□高於標準□超過規定
3.專業知識	□相當缺乏□不足□剛達到標準□超越標準
4.決策正確性	□極正確□大多正確□相當滿意□相當不滿意
5.預期工作進度	□嚴重落後□不符合標準□達到標準□超過標準

行為錨定平等法範例表

評估職位：人力資源主管
績效因子：人力資源的計畫能力

序	工作行為	評等	分數
1.	能針對組織未來發展，擬定具體且可行的長期計畫	絕佳	7
2.	建立組織人力資源體制	優	6
3.	人力資源決策能力	甲	5
4.	人力資源規劃能力	乙	4
5.	人力資源應變能力	丙	3
6.	人力資源執行能力	丁	2
7.	人力資源配合組織發展配合度	戊	1

（二）相對標準法

相對標準法最大的特色，在於將員工個人的績效，和其他員工進行比

較，以排列出績效的優劣。目前比較普遍的方法，包括排列法、配對比較法和強迫分配法。

1.**排列法**

是指評估者，將部屬的績效表現，從第一名排列到最後一名，這種方法是用在組織較小的單位。

2.**配對比較法**

是對每位員工，和其他員工做相互比較，再按照每位員工的比較結果，做名次上的排列。

配對比較法範例表

相對於	「服務品質」特性（評估者）					「決策」特性（評估者）				
	特優	優	甲上	甲	乙	特優	優	甲上	甲	乙
特優		+	+	−	+		−	−	−	−
優	−		+	−	−	+		−	+	+
甲上	−	−		−	−	+	+		−	+
甲	+	+	+		+	+	+	−		−
乙	−	+	+	−		+	−	−	+	
總分	1	3	4	0	2	4	1	1	2	2
名次	4	2	1	5	3	1	3	3	2	2

3.**強迫分配法**

在特定期間內，對每一員工設定一個具體、可衡量的績效目標，並且以目標達到的程度，作為績效評核的指標，將所有的員工，按照等級百分

比的分配，予以評估的方法。

（三）目標評定法

由主管與部屬或由公司與員工，互相協調，確定工作目標。由雙方協調訂目標的原因是，使工作目標不致過寬或過嚴。透過事先訂定有形、可驗證，且可衡量之工作目標，再依員工達成的狀況，來決定其績效的評等。

常見績效評估在組織中常發生的偏誤，如仁慈效應（把受評者的考績都打得偏優），導致組織難以真正區分出績效好與不好的人力，或如考核方法主觀以偏概全的傾向，導致一些員工在某些方面取得了成績，上級主管在對其考評時，往往忽略其他方面的不足。當然也常出現上級主管考評工作簡單，未能具體分析，僅僅因為被考評者的某些缺點，或工作上的失誤，就抹煞其成績，輕易地予以全盤否定，最終無法達到獎優汰劣的目的。由此顯見評核者的刻板印象、月暈效果、集中傾向、類我效應或是對比效應等，都可能對績效評估的信度（評估績效的分數的一致性、穩定性）與效度（績效評估結果實際反映工作要求、工作成果的程度），產生錯誤的結果。

四、成熟的績效管理的七個步驟

一個成熟的績效管理體系，包括七個步驟。

（一）實施前準備

一個成熟的績效管理實施，首先離不開大量的準備工作，包括實施前的培訓，績效管理相關的人力資源環節的準備，譬如公司是否建立完善的組織結構，是否具有完善的流程體系，是否確定了各部門的職責，是否建立了職位責任體系等。

（二）爭取支持 ── 建立共識

任何一種系統或制度在經營運作上，扮演的僅是使用工具的角色，實施一個系統究竟能落實到什麼程度，會不會成功？端視主管或各部門的支持與否。高階主管是否真正瞭解，績效評估的意義與目的，並支持績效評估，是績效評估能否成功的重要關鍵。許多評估制度失敗的原因，大多是因為運用該制度的主管或執行者，無法理解或抗拒使用。事實上，在制度執行時，如果沒有高階主管的協助、支持，那麼如何制定出計畫程序與實施日期？即使訂出計畫程序與實施日期，結果又有何意義？所以人力資源部門應主動與高階主管溝通，使計畫順利進行。

此外，也要與各部門進行溝通，以獲得他們的支持。在溝通的過程中，可能也要修改某些績效評估的項目與程序，使其更合理、更具體落實績效考核與管理。

（三）建立目標與執行程序

發展績效評估的制度，首先必須先確定企業所要強調的目標，並依據公司的總目標，下設各部門目標，來討論個人所要設定的目標，以達到部門的總目標。在建立參與者所必須遵守的程序，然後，要利用工作分析、工作說明書，來辨認測量員工工作表現的構面與標準，最後則是與員工溝通衡量的標準，並發展行動計畫。此外，從人性的角度來觀察，沒有人願意被考核，尤其是被嚴格考核。因此與員工討論工作目標、所要衡量的構面與標準，使員工清楚知道對他的工作，有什麼樣的要求，並討論達成目標的可行計畫。評考指標最好是具體，且能夠讓每一個關鍵職務，都有明確的考評規則，以供員工遵循。

衡量績效準則分為兩種，第一類是「單一指標法」，較常使用的五種

績效水準是：

    1.生產力；

    2.全面績效；

    3.員工滿足；

    4.利潤或投資報酬率；

    5.員工流動率。

第二類是「多元指標法」，是將可能影響組織營運的一些重要變數，建立一多元變數的模式，以探討其聯合的影響。在多元指標領域，決定人力資源使用效能時，傾向於強調生產力、曠職、離職、工作滿意度四個變數作為依變數。譬如，瑞士企業對外籍勞工工作表現滿意度調查中，大多採用生產力、工作態度、服從能力、品德操守、工作技術能力、溝通方式等變數進行衡量。

（四）績效控制

經過部門主管與所有員工討論後，設定個人的行動規劃，定期觀察員工的工作表現，並做成有系統的具體記錄。同時，將所觀察到的優、缺點，回饋給員工，並針對缺點提出改善意見，以利企業總體目標的達成。事實上，在績效計畫執行過程中，被考核者有可能需要得到即時的幫助，以確定哪些工作需要改善，哪些需要學習，同時，在執行週期中，被考核者沒能達到預期的績效標準時，考核者可借助內部諮詢，來幫助被考核者克服工作過程中所遇到的障礙。

（五）評估績效

企業執行績效考核時，須確定的關鍵因素包括：考核方法、考核流

程、考核頻率、考核主體等。績效評估是績效管理裡關鍵的一環，有正確、貼近事實的績效評估，才能正確評估員工對公司的貢獻，並找出員工遇到的工作障礙、提出真正解決的方案。

（六）績效溝通

定期舉行績效評估會議，檢討員工目標達成的程度與進展。很多企業在績效考核初步結果出來之後，直接用來作為績效薪資發放的重要依據。這樣執行的結果，會引起兩個方面的問題。其一，被考核者並沒有信服於考核結果；其二，被考核者很難真正瞭解自己在工作上的缺失，這樣到了下一個考核週期時，並不能實現績效改善。因此，企業需要針對績效考核的結果，與被考核者進行深入的溝通，讓他們在理解考核結果的同時，並輔助下一週期績效改善計畫的制定。

（七）考核結果運用

很多企業只是將雙方所認可的考核結果，運用於發放獎金，而並沒有採取其他，與績效考核結果連結的激勵措施，這樣往往會導致高績效員工的不滿，甚至流失。例如，隨著企業招聘高學歷員工數量的增加，對於該群體員工的激勵，僅僅從物質激勵上來入手，還遠遠不夠，企業必須還要採取一些精神激勵措施，例如：晉升、培訓與開發、表揚、績效改善等。

許多高科技產業雖實施績效管理，然而大環境變動太快，訂了目標，目標又常常變動或改變，這的確是高科技產業，在訂定績效評估所面臨的難處。因此企業要建立完善的績效評估制度，除了要預先訂定標準、公正公平、把握重點、客觀周詳、注意能力表現、配合獎懲、將評估結果告知員工之外，經營環境變化的考量，是絕對不可或缺的。至於評估結果的回饋，則應迅速、確實，並與其他人力資源管理措施，做適當、確實的結合。

第四節　平衡計分卡與 360 度績效評估制度

　　績效評估是績效管理中，最具關鍵影響力的一環，若能正確執行員工的績效評估，就能具體強化企業的人力資產，為企業與員工帶來振奮人心的成長。基本的績效評核方法，包括重要事蹟法（以平時考核紀錄特殊優劣事蹟為例證）、書面評論法（評核者將受評者的績效行為，以短文具體描述）、檢查表法（評核者在人資部門設計好的問題清單上，評比受評者的行為表現）、圖形評等尺度法（評核者在每個準則上，評分並加總）、加註行為評等尺度法（在量化的績效尺度上，加註敘述性的績效表現或相關事件）、交替排序法（將所有受評者，以交替方式在每個準則上排序再予以綜合）、配對比較法（將所有受評者兩兩配對，比較在各準則的評分優劣，再予以綜合）、強迫分配法（將所有受評者，強迫分配至預先訂好比例的績效等級上）等。除了這些方法之外，平衡計分卡與360度績效評估制度，則是非常值得運用的新方法。

一、平衡計分卡（Balanced Scorecard）

　　平衡計分卡可提供全面性衡量績效的架構，而績效評估正是需要兼顧行為、成果，及附加價值等面向的總和評判架構，所以用平衡計分卡，是可以進行有效的績效評估。平衡計分卡運用在績效評估上，除了企業常見的財務面指標外，還涵蓋顧客面、內部流程，以及學習、發展等面向。

　　平衡計分卡可將組織目標，具體轉化為行動，以創造組織競爭優勢。它主要是聯合四個面向，以確保組織願景與策略，能夠具體轉換成目標與績效量度，協助組織「聚焦」（Focus），並整合（Align）有限資源，有效協助組織目標的達成。其流程有四大特點：

（一）轉化願景

組織成員建立組織願景的共識，並整合目標長期推動願景完成。

（二）溝通與連結

在組織中進行向上及向下溝通，以期將組織目標與個人目標連結，使組織目標、部門目標與個人目標趨於一致。

（三）規劃與設定指標

整合組織業務目標與財務計畫，透過平衡計分卡指標設定，決定資源分配與優先順序，以達成組織整體目標。

（四）回饋與學習

建立回饋與學習機制，以協助組織修正目標，使組織目標更具可行性。

二、「360 度績效評估」（360 Degree Performance Assessment）

可提供完整且適當的評估結果，降低管理者主觀因素而產生誤差的有效方法，就是「360 度績效評估」。「360 度績效評估」又稱 360 度回饋（360-Degree Feedback）或全方位評核（Multisource Assessment），這是一種「多方評估」（Multisource Feedback）的技術，又稱為全方位評估，它是指員工個人、上司、直接下屬、同事、群眾甚至服務對象等，全方位地從各個角度，來瞭解個人的績效。透過這種評估體系，被評者不僅可以從上下級、同事、群眾和服務對象處，獲得多種角度的反饋，也可以使組織從這些不同的反饋中，清楚地知道員工的不足和長處，使以後的決策更有針對性。

許多難以量化的員工的績效考核問題，都可以透過各方面的反饋，來評價員工的工作成效。最常見的是：

（一）直屬主管評估

直屬主管是最有可能擁有最佳的機會，來觀察員工的實際績效。若能透過上司的評估，員工可以瞭解自身在工作部門，以及工作上的重要性。不過如果直屬上司的屬下過多，導致其觀察員工實際表現的機會減少，則上司可能無法真正評估出員工的實際績效。此外，評估者的偏見、月暈效果、刻板印象，都可能使評估結果，出現不公平的現象。

（二）同事評估

由同僚之間相互評比，比較適合在該工作小組，長期處於穩定的狀態，並且工作的執行需要彼此較多的互動。優點是同僚間，對彼此的績效較為瞭解，同僚的壓力也可轉為對工作上的激勵，並可增進彼此的共識和增加生產力；缺點是同僚間，彼此包庇或相批評對方，都會使績效評估失去準確性。

（三）部屬評估

360 度績效回饋中，來自員工的回饋對主管是必須的，這些回饋也許很傷人，但是卻很具建設性，因為員工每天面對主管，近距離地看主管的優點與弱點，反而可以很精確。主管若能誠實面對員工的抱怨，將有效降低員工的流動率，因為員工離職的原因，多半來自主管。主管若能虛心接受員工的績效回饋，並藉此調整自己的管理風格，解決員工的困難，團隊成員將更願意全心投入、發揮生產力，提升組織的績效。

（四）自我評估

自我評估是指員工對於自己的工作表現從事評估，如果想要降低員

工對績效評估的抗拒心態，並減少員工和上司對於員工工作在認知上的差距，且在自我評估的過程中，最不易產生月暈效果的偏誤，因此自我評估可作為衡量員工實際績效的評估項度。

雖然 360 度的績效考核制度，在考量不同的企業文化或是組織架構、產業特性時，不一定會適用所有的企業；但是增加績效考核的訊息來源，除了可以增加整體制度的公平性外，對於以任務為導向的矩陣式組織架構來說，也可以更精確地對員工績效做評估。

金卡・托格爾（Ginka Toegel）與傑伊・康格（Jay Conger），在〈360 度評估：重新發明的時候到了〉一文中，提到「在員工職業發展與員工績效考評兩個方面，均對其加以利用的公司獲得了更多的回報」。360 度回饋廣受歡迎，是因為它有七項優點：

（一）透過回饋，受評者可以獲得對自己優缺點，更加瞭解的寶貴資訊，以作為訂定個人未來職涯發展，及能力補強的參考。

（二）360 度回饋的價值，在於它是來自多方的意見，而且每個面向的觀點，都提供了相關且不同的訊息。

（三）提供受評者的評估者，如部屬、同事，有機會提供回饋，而不是只有直屬上司一個來源。

（四）360 度的評估方式，能夠從不同評估者的角度與立場，得到相關的績效評估的資訊，以作為員工改變其績效的參考。

（五）評估方式使員工得以就其他員工的工作技巧、行事風格，以及工作績效等面向產生認知，而藉由此認知，與其他員工之間的相互比較，員工將能獲得較為廣泛，客觀的績效評估相關資訊，進而從事自我發展。

（六）360 度評估方式，將有助於促進組織成員，彼此的溝通與互

動。

（七）360 度回饋在時間、精力與金錢成本的花費上，較傳統的評鑑方式更為經濟。

「360 度績效評估」雖有以上多種優點，但執行上仍可能出現重大缺失。當採集到的回饋資訊，若存在偏差，則不僅浪費時間，還浪費了引進及使用此工具的金錢。許多經理在填寫 360 度回饋報告時，不願意對同事的業績提出哪怕是一點點的批評意見。如果考評結果將影響到同事的加薪或者晉升時，那麼這種傾向會更強烈。還有人會擔心如果某位同事得到的評分較低，而他又知道了是哪些人打了低分，那麼這些人與該同事的關係就會變得異常緊張。於是，某種「交換條件」，便悄悄地形成。這種交換的結果，對組織將是一種重大傷害。

職涯管理

一般職場能力是指由學習而得的個人獲得
工作、保有工作,以及做好工作的能力;
而核心就業力意指有利於就業的態度與個
人特質,自我行銷與職涯管理能力,具有
學習的積極意願,並能反思所學。

2013 年麥當勞目前在台灣有 388 家餐廳，總裁陳麒亦（Lynn Tan）在這家公司奮鬥 30 年，從沒換過工作。也就是從工讀生做到總裁，這是職涯管理的絕佳典範。儘管他擁有高學歷，卻仍從餐廳服務生做起，不改初衷，一步一腳印，從新加坡、北京、上海再到台灣。最後從工讀生變成總裁，並且還因優異的表現，而獲得第一個「麥當勞總裁獎」。

第一節　職場變遷趨勢

　　職涯是指在某項職業（或某個組織中），有先後次序的發展狀況。職涯規劃中，除明瞭個人主觀因素外，客觀環境的配合，也是相當重要，因此平常應該多用點心思，對產業環境的資訊有瞭解，對將來也很有幫助。因為環境評估正確與否，將與未來職涯發展上，所遭遇的挫折成正比。工作環境不只是就業市場的需求，其他包含經濟、行業、社會價值觀改變與政治變化，都是職涯抉擇的重要背景。目前全球化時代的激烈競爭，造成最近幾年的失業問題，已成為許多民眾生活中的痛，也因為如此，職涯規劃、管理的觀念，開始受到社會重視。我國在產業外移的浪潮下，關廠歇業勞資爭議不斷，在整體產業重組的趨勢中，女性、中高齡及在紡織成衣業的工人，是一群相對受到衝擊最大的一組人。

　　不景氣的大環境，加上全球化浪潮襲擊，我國目前的職場四大新趨勢是：

一、基層勞工處境惡化，高工時、低工資；

二、中壯職場菁英無業潮出現；

三、薪資浮動化成為趨勢；

四、科技新貴成為過往。

　　由於經濟不景氣，受到衝擊的企業而論，常見的是裁員、縮編，甚至有愈來愈多公司機關大量起用約聘人員，所有職位出缺或新申請的職位，一律凍結僱用程序。若新進人員人事異動單已核准，但任用聘書尚未發出前，人力資源部應也會立即終止發出任用聘書，針對已發出的任用聘書，

由人力資源經理主動與受聘人員個別聯繫，討論取消僱用或延後報到（至少一個月）的可能性，以避免可能的法律訴訟。失業率頻創新低紀錄，已見怪不怪，為因應全球職場的時代，因而產生許多迥異於以往的各種勞動關係。譬如：

一、部分工時

政府為部分或加班費工時，特別訂立「僱用部分時間工作勞工實施要點」，只是這種以時計薪的勞工，特別休假、加班費如何計，勞委會沒有很明白回答。

二、在家上班

有一本書叫《穿著睡衣工作的女人》，主角乃是在床上，用筆記型電腦完成工作任務，某家美商儀器公司也認為，在家可完成的工作，可節省公司資源（辦公室費用），何況上下班途中，也易發生交通事故。只是工時如何計算？在家跌倒是否為職災，這些都很難認定。

三、分時使用

一個辦公桌，上午你用，下午我用，工作權都有了，不用資遣，雖然薪水較少，其他時間，勞工可以做自己想做的事，不用整天被綁住，對公司而言，減少勞工請假時間，人力也較好調配。對要兼顧家事的婦女，實為兩全其美的辦法。

四、行動（無紙）辦公室

例如中國生產力中心，所屬的顧問，用筆記型電腦與公司聯絡。在辦公室中，數人用一張辦公桌，哪裡有插座，哪裡就是辦公的地方。平時整天在外工作，晚上住旅館時，即可傳回當天的工作情形，但加班費很難計算。

五、人力派遣

因為公司需要臨時性人員，或要節省長期成本（如世貿中心展覽人員），另外如服務台人員，表面上為該工作場所人員，但是領取派遣機構的薪水，可能出現與該要派機構的自僱員工，同工不同酬。例如：警衛、清潔人員、醫院餐廳員工、大樓保全人員、銀行櫃台人員，甚至外商公司業務人員，在 A 公司上班，受 A 公司監督管理，但領 B 公司薪水等不勝枚舉，這與傳統在 A 公司上班受 A 公司僱用，領A公司薪水，實在是兩回事。

無論是全球化，或績效管理的發展趨勢，讓人們愈來愈難在職場上，找到提供終身僱用的組織與企業。取而代之的，培養自己終身受僱的能力，讓自己能在變化快速的勞動市場，甚至地球村的舞台上，能占有一席之地。未來職場的變化，趨勢必然加劇，個人在職涯上面臨的轉折與壓力，也將甚於以往，職涯自我規劃管理的能力，也更形重要。

第二節　個人職涯規劃

職涯規劃係偏重於個人的部分，主要議題集中在討論，包括選擇何種產業？擔任何種職務及自我發展等。主要是依照自己的興趣、個性、專長、優缺點等進行分析，在自我發展、自我評估考量下，分析規劃個人的職涯方向。

職涯規劃必須公司、員工與主管三方面做結合，三者均負不同責任與方向，但最重要的仍是以「員工」自身為主角，應由員工主導自我的職涯發展。職涯規劃是幫助員工進入職場後，面對挑戰，經歸納之後，這些挑

戰是：

一、當踏入新的產業時，不知道這個產業，是否為自己所想要的？

二、在就業期間，自己是否能找到自己的成長機會或轉型契機？

三、當面對變革時，是否能有足夠因應變化的能力，和自處之道？

一、個人職涯規劃的因應和自處之道

成功的職涯規劃，就是要避免這些問題發生。其做法：

（一）瞭解自己（Know Yourself）

價值和興趣、瞭解你自己的優勢（Know Your Strengths）、自己的機會（Know Your Options），對這三點有充分的瞭解之後，進而掌握自己確切的性向、追求的目標，與能力所及的範圍，此外，個人家庭情況、父母與另一半的期望等，也是職涯規劃中要列入考量的重點。

（二）分析定位求職方向

「三百六十行，行行出狀元」是自小就耳熟能詳的一句俗諺，然而在沒有深思前，往往體會到的，就僅是條條大路通羅馬的表層精神，而忽略了「決定」從事哪一行、走哪一條路，才是能不能變成狀元、抵達羅馬的關鍵。美國勞工局出版的《明天的工作》（Tomorrow's Job）研究報告，指出未來的趨勢發展，從這些趨勢可掌握哪些產業，未來會成長，哪些產業未來會衰退，甚至沒落。其中特別說明六高一低的趨勢：高壽命、高個性需求；高所得、高競爭壓力；高生活自動化；高生活健康化；低出生率；以出生率低為例。這就會造成「少子化」的社會。這樣的趨勢，就凸顯婦產科、嬰幼兒奶粉、童裝、小兒科、幼稚園等產業，未來的競爭將會非常激烈，利潤也會非常微薄。如果要選擇這些產業，實力與興趣就要充

分考量。

由於每個人存在著個別的差異，所遭遇的環境也大不相同，因此一份良好的職涯規劃，除了要瞭解自己外，一定還要去評估到底什麼職業、什麼產業與工作，最適合自己的發展。找對產業很重要，譬如能源科技、基因工程、網路數位內容、生技等，都是未來三五年的明日之星產業。

（三）找潛力企業

找到對的產業，還要找到具潛力的公司。什麼樣的企業才有潛力，有下列幾個指標可循，譬如，財務健全；產業代表性人物加入經營團隊；產品及服務具競爭力；「創新價值」，企業的創意、超越客戶的期望、員工專業素養等等，都是創新價值的展現。

（四）主動自我行銷

在確定自己的求職方向後，接著就應該化被動等待為主動自我行銷，讓求才者知道你的存在，無論是利用雜誌、網際網路、就業輔導機構，或透過朋友、報紙求職廣告，來取得相關就業訊息，都是不錯的選擇，同時也是落實職涯規劃重要的步驟！

二、職場能力的培養

一般職場能力是指由學習而得的個人獲得工作、保有工作，以及做好工作的能力；而核心就業力意指有利於就業的態度與個人特質，自我行銷與職涯管理能力，具有學習的積極意願，並能反思所學。澳洲 2002 年出版的《未來所需的就業力技能》（*Employability Skills for the Future*）白皮書中，將「就業力技能」（Employability Skills）定義為：「個人所需具備的技能，其目的不只為了就業，也為了讓個人能在企業內進步，以實現個人潛能，並成功對企業的策略方向做出貢獻。」在這本白皮書當中，提

出「就業力技能架構」（Employability Skills Framework），其中將「核心就業力技能」歸納成八類，包括：溝通技能、團隊合作技能、問題解決技能、原創與進取技能、規劃與組織技能、自我管理技能、學習技能、科技技能。

三、職涯核心技能的五大戰力

2006 年 Van Der Heijde, C. M. & Van Der Heijden, B. I. J. M. 兩位教授，從職能的角度，將職涯核心技能的能力，區分成五大戰力：

（一）專業力（Occupational Expertise）

指在某專業領域的知識技能，並能運用這些知識技能，創造工作上所要展現的專業行為和績效產出。換言之，能否快速取得並吸收所屬專業領域中的最新知識技巧，並擁有足夠的學習能力（包含基本智能 IQ 與不斷追求新知和專業素養的態度），將決定能否在環境快速變化下，還能繼續於該專業領域中生存。

未來的時代是一個專業的時代，唯有專心、專業才能變為專家，唯有專家才可能成為贏家。在這場職場求生戰中，唯有讓自己更具競爭力，才不會讓自己成為捲舖蓋被淘汰的人。早期認為只要有一技之長，十年前出現第二專長的觀念。五年前的觀念則是轉向「多元職能」。多年前，美國勞工部部長曾提出一份研究報告指出，如果希望在邁向二十一世紀，能在新世紀立足，至少須培養四個專長以上。因此未來的多元職能的時代。大家的第一專長為大家既有的習慣，而第二專長、第三專長，甚至更多專長的培養，則代表著改變。唯有改變，重新出發，才能建立起競爭優勢。

（二）洞察力（Anticipation and Optimization）

洞察力可降低失業的機率，不至於溫水煮青蛙，因為早已對未來做

好準備。基本上，洞察力就是能夠主動預測未來工作上的變化，同時考量外部環境，和內部自身能力的限制下，察覺最適的因應策略和自我定位，進行最適的職涯規劃。而能否正確預見職場供需變化的趨勢，提前做好準備並做適時的調整，就決定了未來職業生涯上的戰力和成就。從消極面來看，起碼不至於被淘汰！

（三）個人適應力（Personal Flexibility）

全球化、企業併購、組織變革、主管更動所造成的管理風格改變。因為這樣的改變，所要調整的不單只是目標方向，還包括適應新的價值觀、新的管理制度、新的績效標準、工作模式與工作地點。它直接衝擊人們的舒適領域、既有的觀念，和安全感。當人們無法改變環境時，能否因應環境變化，快速進行自我調整，以符合環境需求。這關係著適者生存，不適者淘汰的命運。此時，終身受僱能力將來自於自我調整意願有多強？調整的速度有多快？職場發展充滿變數，眼前永遠有挑戰在等著，因此，個人可能無法控制壓力的大小和來源，但可以控制自己對工作保持彈性、不讓壓力擊倒，並勇於承擔工作所賦予的責任，所以職場上具有正向心理的人，也較容易獲得成功。

（四）合作力（Corporate Sense）

研究發現，每到一家機構服務時，如何培養合作力的態度與習慣，是發展自我終身受僱能力的關鍵。這邊所指的合作力，比較接近組織公民行為（Organizational Citizenship Behavior, OCB）和組織承諾（Organization Commitment），就是認同組織目標、主動參與組織所有的大小事，並願意為組織提供額外的付出，與組織一同打拚，榮辱與共的程度。合作力往往與知識技能無關，它是一種工作態度和意願，因此，企業在選才時，除了聰明才智和專業外，亦不可忽視性格、態度與組織文化適配的重要性。

就管理面上，亦要創造一個能促動合作力的組織氣候。

（五）平衡力（Balance）

平衡係指如何在組織利益，和自我利益之間，取得一個妥協和心理平衡點。對員工而言，並沒有所謂完美的公司、完美的工作和完美的主管。重點在知道自己最想要的是什麼？什麼是可以妥協並忍受的？並調整自我心態、做好自我心理建設，掌握自己真正想要的東西，這是維持平衡力的關鍵因素。對企業而言，每個員工在工作上各有優缺點，如何善用優點，放在正確的位子上，將可發揮最大的人力運用槓桿。

第三節　組織職涯管理

員工選擇一個企業，往往是追求良好的職業發展。因此任何企業都應該提供員工，一套完整的生涯管理，以滿足員工的需求。另一方面，員工為進行更進階的職涯發展，而去努力進修與訓練，這對於企業的發展，是有絕對的幫助！

職涯管理偏重於組織層面，內容主要是就制度面、組織面來實行建構職務的歷練，從人才的招募、遴選、人力資源配置、輪調制度、績效評估、教育訓練發展和前程諮商等，其目的在於希望能達到適才適所。發展職涯管理的重點，在於實施前的一些準備工作是否完善，而之前的工作最重要的是，人力資源部門的相關制度是否能配合？其次是高層主管是否支持？如果上述兩個問題都能解決，則在推行時遇到的問題會較少。

員工為了完成職涯規劃，必須在企業的系統內，自己做選擇。系統指的是組織的內部系統，這包括了招募、人資、考核、訓練發展等功能。現行的人事規章、薪資、升遷、福利、績效等等制度不健全、不完整，都可

能造成員工離職率上升，以及人才的流失。就組織職涯規劃的角度而言，其職涯規劃是要能留得住人才的。二十一世紀新經濟時代，人才已非企業成本，乃是企業最重要的資產，所以與其說「利用」人才，不如說「成就」人才。職涯管理需要有明確公司目標、策略或方針，才能發展人力資源管理的目標及員工需求，以建立起制度。若要建立企業職涯發展制度，企業要以宏觀性的角度，瞭解企業在全球產業中，未來發展性為何；進而預計企業能發展多快，去預估在未來需要多少的人力？需要什麼樣的人才？這樣才能知道如何就現有人才進行轉換。知道縮短人力資源供需之間的落差究竟在哪裡，職涯規劃才有方向，也才做得周延。除了產業變遷與組織需求（Org. Needs）之外，進而就是要設定目標（Goal Setting）；需求分析（Need Analysis）；策略/計畫執行（Implementation）。

　　組織在導入期、成長期，重點主要是放在高階主管，其他的一般員工，在職涯規劃做得相對較少。不過當企業隨著景氣循環，以及本身邁向成長期後，就要開始準備，因為這個部分會與人力資源的甄、選、育、用、留才，有密切的連結。所以企業所處的不同階段（萌芽、成長、成熟、衰退期），會有不同的職涯發展活動。

　　一個制度的推行，必須要經過時間的歷練而日趨完善，並且適時的做局部或全部的修訂、調整。職涯管理通常是由人事主管，與單位主管（高階、中階、基層）共同主導，分別對職涯管理，負起一定程度的責任，因為主管就如同教練，若能擁有從旁協助輔導的主管，就能使員工快速成長。尤其是未來，講求的是組織戰，好主管則可協助員工，在此組織中，扮演稱職以及愈來愈重要的角色，包括團隊合作、問題解決、處理非例行程序任務、能擔負決策責任、溝通技能，以及能從較寬廣的脈絡，來理解職場的發展。

　　設若員工是前程藍圖的夢想家，那麼企業及主管，就是幫助員工圓夢

的幕後推手,兩者若能完美搭配,將使企業不斷蛻變、成長,永續經營。各級主管對職涯管理的責任,在高階主管(含人力資源主管)方面,主要是執行策略性的工作,協助企業訂定職涯管理策略及方針,授權中階主管對職涯管理制度的規劃及實施。至於在中階主管方面,則必須承上啟下,將高階主管所傳達的政策、理念、制度等,與基層主管溝通,並掌握職涯管理制度的實施進度。在基層主管方面,則是傳達的各項資訊,並與員工做充分地溝通,並協助推行職涯管理制度。此外,要激勵員工,做有效的管理,並適時提供諮商輔導。員工也是有自己應有的責任,就是必須有效管理職涯規劃內容,並與上級主管討論,做必要的調整。

以國際商業機器(IBM)企業為例,只要有工作機會公布,有興趣的員工,且績效表現在「乙」以上者,都可以提出申請。這時候該員工的直屬主管,會希望把部屬留下,而其他部門主管可能積極招攬、求才若渴,就很可能造成兩部門主管未達成同意,而使職位造成空缺的相關問題,點出了人力資源部門要有能力、要有方法將環境改造過來。因此,現在該企業要求主管對員工的置換(Replacement)要有規劃;另外,在績效表上,也須訂定目標,並觀察員工的表現,是否符合員工的規劃。當企業完成職涯管理制度的建立與實施,則可以對企業產生五種預期效益,涵蓋如下:

一、建立組織未來的能力;

二、充分發揮員工的潛能;

三、對員工的激勵;

四、增加公司對人力資源運用的彈性;

五、提高生產力。

　　組織所提供員工的職涯管理過程，主要的設計，是用來幫助個人檢視其生涯、評估其教育訓練需求，並發展一些特殊的行動計畫來維持、增強及再評估他們在工作環境中，專業與管理技能是否適切，以面對快速改變的局勢。就人力資源管理者的角色來說，職涯管理是否能有效，涉及職位管理、績效管理、培訓管理及異動管理等四項要點。在既定的工作架構及內容下，從「縱」方面，去整合上下游工程，以達到「工作豐富化」。同時又在既定的工作架構及內容下，從「橫」的方面，去增列相關度較高的不同工作，以達到「工作多樣化」。教育訓練規劃及訓練需求調查方面，應建立所需的基準，以遴選出需要訓練的員工，再依組織之需求，及員工個人能力與興趣，提供訓練發展之機會，並作為員工職業生涯規劃的重要參考資料。同時，人力資源管理者是否能將員工職涯規劃，與公司的未來做結合，這些都是組織職涯管理，能否成功的關鍵因素。

　　總的來說，環境快速變遷，員工流動率逐年升高，成為企業的頭痛問題，若能妥善協助員工規劃前程，將能大大提升企業競爭力。有潛力的企業，若沒有一套好的發展制度，就無法留住人才，也將局限組織的發展。這指的是不僅要有明確的獎勵制度，與多元的晉升制度，更要有完善的人才培育訓練制度。職涯管理就組織的角度而論，其成功主要就在於人的投入，及人才發展制度。

第四節　職涯發展

　　職涯發展過程可分為三個階段，從剛踏入社會的職涯性向摸索期，選定工作領域的發展期，到最後可能面臨職涯大躍進的穩定期。

　　摸索期可長可短，「但最好不要超過三年時間」，轉職是每個人在職

涯中，都會面臨的抉擇，譬如像個人離職、企業併購、企業精簡與改造、公營事業移轉民營時，隨同移轉的從業人員，都屬於職涯的摸索期。職涯轉換應該是有計畫、有目標的行動，為了追求更好的發展，而不是逃避現實環境；尤其是不滿現狀而萌生驛動念頭的人，更不可意氣用事而躁動。轉職此階段可分為「買方市場」及「賣方市場」，求職者若能占到賣方市場的位置，對個人是較有利的，挑選的空間也愈大。無論是「買方市場」及「賣方市場」，在財務規劃的方面，至少需要預留三～六個月的現金在身邊，如果自我評估半年，沒有收入撐不過來，就千萬不要躁動。在轉職前，如果能多準備幾個錦囊，不論遇到什麼狀況，讓自己永遠有備案，如此才能有效降低轉職風險。

　　若從組織職涯管理的過程來看，對於職涯早期（Early-Career）的員工發展活動，企業需要傾向於運用非正式的指導、諮詢及導師的方式。同時，組織由於人員的減少，每個員工需要學習多項技能，因此對於員工，發展傾向多元化的工作指派方式，譬如像工作豐富化、工作輪調、特殊工作指派等方法，均可以擴大員工技能的種類，應是一般企業組織值得採用的員工發展方法。

　　處在職涯中期（Mid-Career）的員工，也就是到了工作生涯的高原期。三個不同時序的階段，各有不同的目標任務，當中以摸索期過渡到發展期的「黃金五年」最為重要，因為在黃金五年裡的任何變化，將有可能會影響到未來二十年的職涯發展。最常見的是工作生涯成長的瓶頸，升遷也充滿著許多的障礙，因此，較不容易發現適合的升遷職務。對這些人而言，組織應有週期性的技能評估，因為定期評估能時時提醒，需要增加哪些技能，才能確保處在職涯中期的員工，不會輕易被降職或被辭退。此外，企業可增加這些員工多功能的訓練，協助他們透過在職訓練，學習到

多項能力，確保未來表現及升遷的機會。

　　對於職涯中期的人，必須要保持不斷的學習與成長，才不會被時代所淘汰，因此可以看到有許多經理人在職場中，又回到學校進修 EMBA。在未來的時代，每個人都要在學業中做精進，重新認識、重新學習、重新檢視並增強自己的知識與能力。

　　處在職涯晚期的員工（Late-Career），企業應提供他們提早退休的諮詢協助，使得這些員工可以儘早規劃退休後的生活，提高他們自願退休的意願。然而需要特別注意的是，提早退休的方案中，不宜有太高的經濟誘因，否則，組織中一些擁有高度核心技能之資深員工，也會提早退休，而使公司的競爭力削減。此外，企業若為了善用一些退休的員工，也可以聘請他們利用部分時間，從事兼職工作或是將工作外包給他們，以增加經濟上的福利。

第五節　職涯轉換（Career Transition）盲點

　　受到全球化與知識經濟的衝擊，以及勞動市場急遽變化的影響，企業內部結構的變革，因此在擬定自身職涯發展時，除考量到年齡、成長階段、環境、產業型態的不同，也必須擁有快速因應環境的彈性，審慎考慮每個階段之需要，以找出達到目標的手段，維持在職場的競爭優勢。

　　職涯轉換是人生工作歷程中一段必經之路，一般人職涯轉換的主因，多數與尋求更高的薪水、職位、成長、企圖心等相關，當然也可能因工作量太少、工作量過大、角色不明確、資源不足、同事合不來、沒有回饋、上司監督過苛、缺乏挑戰、獎勵過低、調職他處、工作缺乏保障、工作不

合適、中年更年期間題、工作習慣不佳、沒有全心投入、缺乏創新求變、人際關係不佳、能力不夠等變數。無論是組織主動調整工作，或因工作適應困難需要解決，職涯都可能會出現轉換。大部分順利轉職的人，都是方向清楚、目標明確，而且在前一份工作有傑出表現，因此職涯轉換前，一定要先問自己，人生的目標究竟是什麼。

職涯轉換常見到的盲點是，在工作不如意的時候，第一個念頭就是「換工作」，而非追根究柢，找出真正問題所在。如果抱持這樣的心情換工作，注定會陷入每天抱怨的惡性循環中，因為全天下沒有絕對完美或如意的組織。

常見的職涯轉換盲點如下：

一、工作不適當

其盲點是不是在於，真的清楚瞭解自己的興趣和專長嗎？任何工作如果「淺嘗即止」，是無法窺其堂奧的。很多人的職業，儘管不是「第一志願」，但是真正用心投入之後，才發現這份工作可發揮自己的專長，體會到工作樂趣。

二、產業衰退

產業景氣成長的時候，仍可能出現有賠錢的公司；景氣需求轉弱的時候，也有獲利強的公司。顯然，關鍵不在於行業，而在於組織的經營能力。

三、交通過遠

工作地點雖然可能離家稍遠，造成轉車等不便。但是不是可以透過改變自己，譬如早點起床，或者改變晚睡等習慣，來因應交通過遠的障礙。如果不能改變惰性，即使換一份「離家近」的工作，事實上，也可能遲

到、違反企業工作規範。

四、辦公室政治

只要是許多人組合而成的辦公處所，就會有辦公室政治。譬如，辦公室的人緣不佳，甚至遭到排擠，可是這究竟是別人的錯，還是你自己看待事情的角度有所偏頗？是否想過別人如何看待你，進而自我檢討行事作風？先伸出友善之手、主動助人，多參加同事聯誼聚餐，適時運用幽默感、讚美，甚至一點小禮物，以改善人際關係，否則不論跳到哪家公司，照樣是不受歡迎的人物！

五、升遷管道受阻

升遷是職涯發展過程中，重要的誘因。當為了升遷管道受阻而離開公司，這似乎是合理的。但進一步深究，究竟是公司制度僵化，還是你自己績效不彰？同時，別人升遷是否僅靠關係？別人對工作付出的努力，是否有所評估？

六、薪資過低

換工作常見的理由，就是「薪資考量」，但是薪資和貢獻必須成正比。大多數人卻只評估與心中預期薪資的差距，而沒有先評估實際貢獻，是否真的超過薪資所得？此外，一份工作的報酬，除了貨幣收入外，還有無形的報酬，如教育訓練、企業資源、工作環境、人際關係等，是否也都不如別家公司？這些變數應該都納入總體考量。

七、上司領導有誤

上司的管理風格，可能成為員工心中的痛。但是若主管是個「濫好人」，就長期生涯發展來說，也並無多大助益，尤其是職涯的初創期。主管沒有十全十美的，一如天下沒有完美的部屬，如果僅是主管責罵兩句，

就遞出辭呈，這就代表抗壓性太低，應該可以自我調整。否則換一個工作，也不能就保證符合自己心中期望。事實上，嚴格的主管，有助於員工快速成長。

如果經過了深思熟慮，仍然要進行職涯轉換，那麼就要依規定期限提出辭呈。依照勞委會解釋，勞工如果沒有依規定期限，預告雇主終止契約的話，就是屬於「違約行為」。雇主有權依民法規定，請求員工損害賠償。當然書面辭呈除了表示對舊公司的尊重、讓人留下好印象外，也可以當作證據，防止舊公司不認帳、不放人。

勞資關係

台灣的工會長期一直是在政治體制之下發展，不論是總工會或是地方工會的層級，事實上，都處於非常強的政治脈絡之下運作。如何爭取勞工權益，政黨力量往往扮演關鍵的角色。

利台紡織民國 55 年建廠，曾以小羊毛大衣獨占香港市場，創下台灣外銷英國西裝料先例。民國 81 年利台轉售遷往大陸，桃園廠停工。當時很多員工都有家庭負擔，聽到關廠如青天霹靂！但勞資和諧溝通，很快達成共識，以優於勞基法近兩倍資遣費，發給員工，資方並繼續補助建教合作學生學雜費，直到高中職畢業，還幫大家找工作。利台紡織纖維公司桃園廠二十年前關廠，當年上百名勞工被優惠資遣，每年都會定期聚餐，並向退休總經理張田道謝及老闆感恩，有當年的厚道，才讓他們安享晚年。

　　勞資指的是「勞」與「資」，其中所謂「勞」者，依我國勞基法第二條規定，凡受雇主僱用從事工作而獲致工資者，就稱為勞工。「資」者就是必須支付工資或薪給，僱用他人為其工作者。勞資關係（Industrial Relations）是指勞方與資方之間，因契約所產生及衍生的關係。其範圍很廣，舉凡一切勞動條件，包括工資、工時、休假、安全、衛生、福利、退休等相關議題，都涵蓋在內。

　　勞工關係的範疇，除勞動條件之外，還包括安全衛生（安全衛生設施、勞工安全檢查、企業安全衛生管理、職業災害防治），勞工組織（工會的成立、運作、管理，團體協約的商議、協調、執行），勞資合作與衝突（勞資會議、勞工參與、勞工申訴處理、勞資爭議調處），勞工福利，就業安全（職業訓練、外籍勞工引進）。

第一節　工　會

　　工會屬於勞工的重要組織，工會的成立，主要是為保障勞工權益，達成勞資合作的橋樑。若從工會成立的宗旨、任務來看，工會主要的功能有：一、保護勞工經濟利益；二、爭取勞工政治地位；三、平衡資方的專斷權力；四、實現控制工作的願望；五、滿足勞工各項需求；六、謀求勞資利益平衡。凡是先進國家，大多鼓勵勞工組織工會，並透過工會的團體力量，協助資方發展生產事業，協調資方保障勞工權益與福利，以改善勞工生活。

一、工會的型態

　　在一般工會的型態上，可依其成員的組成，傳統上可分為三類：

（一）職業工會

這是指在同一區域內，由同一專業技能（或無一定雇主）的勞工，所共同組成的工會，稱為職業工會。職業工會可涵蓋不同的產業工人，因此屬於一種水平的組合。

（二）產業工會

它是由同一產業內，所有的勞工所組成，包括組織內各層級的勞工，是一種垂直的組合。在我國只要三十人以上工人（年滿二十歲以上），在同一工廠工作所組成的工會，稱為產業工會。

（三）一般工會

這類的成員，不受職業或產業的限制，亦可依政治、宗教、種族等，來設定其範圍，屬於綜合性的組合。

世界上很少有工會運動，像波蘭團結工聯，如此引起全球的矚目，並受到支持與認可。在現今的職場中，工會是政府與勞工之間的中介團體，也是勞資雙方之間重要的橋樑。在自由市場的運作下，個別勞工與雇主協商勞動條件的籌碼，是非常有限的！資方基於其經濟強勢，往往片面地決定勞工的勞動條件。面對資方的這種經濟強勢，勞工唯有團結、組織工會，方能提升與雇主進行協商與議價的力量，以爭取較為合理的勞動條件。所以工會是人民團體當中最重要的一環，其對國家政治發展、社會安定、經濟繁榮、民生樂利，實扮演著舉足輕重的角色功能。

二、工會須遵守的原則

在我國組成工會，有其必須遵守的原則：

（一）須以維護並提升勞工之勞動條件，與經濟條件為最主要之目

的；

（二）須是自由組成；

（三）須具有持續性；

（四）須具有民主化之內部結構與意思形成程序；

（五）須具備獨立自主性（包括成員性質單一、純粹，且不受資方、國家、任何政黨，或其他社會力量之影響或控制）；

（六）為求目的之達成，須具有進行爭議之認識與意願，且在必要時亦真正地進行爭議行為。

工會常常被人誤認為只是改善工人福利而已，這種把工運只當作工人，爭取福利的看法，基本上假定了工運是一種爭權奪利的活動，在這假定的背後，便是主張「自私是人性」的自由個人主義哲學。事實上，我國工會法第一條規定：「工會以保障勞工權益，增進勞工知能，發展生產事業，改善勞工生活為宗旨。」除了這開宗明義的揭示，工會所具備的功能，尚包括促進和諧團結、安定社會秩序、充分反映名義及訓練民主素養等原則。

在現今職場中，工會極力防止「勞動失衡」、「剝削勞動」及「危險勞動」的情形產生。「勞動失衡」就是有工作能力及意願的勞動者，無法順利就業，或因產業環境改變，導致產業缺工；「剝削勞動」就是任何不利勞動者的措施或制度；「危險勞動」就是勞動過程中，致勞動者身心安全處於危險狀態。針對以上三項衝擊勞動者的負面力量，以及面對全球化的衝擊，如何做好新興勞動條件，勞動形式的因應措施，並又能逐步強化勞動權，及提升勞工福利保險體系的功能，更要在「勞動者的生命比利潤更重要」的信念下，防止各類職業災害的發生，確實保護每位勞動者的生

命。面對這些負面力量及建構一個安穩的勞動環境，這是所有工會與勞動者，應該一起共同實踐的目標。

全球化代表商品、資金的自由移動，亦即企業利基在哪裡，工廠就蓋在哪裡，企業就往哪裡去，這就是「經濟達爾文主義」優勝劣敗、適者生存的原則，同時卻也凸顯台灣勞工「在地化」的特性與危機。同時台灣長期處在「重資輕勞」的經濟環境中，再加上從政府致力推動加入世界貿易組織（WTO）以來，外在勞動環境日趨惡化，就業市場的衝擊、勞動條件的丕變，因此，工會必須審慎看待高失業的社會經濟變遷，以及低利率、低薪資、低消費等社會型態。以上這些不利情形，也就逼使工會組織加速聯合，因此擴大聯合成為重要的選擇。

以美國的電信工人工會為例，因為美國在最近十幾年來，電信的版圖，不斷的擴大和重整，形成一個擴大的資訊產業，原來只是一個全國性的 AT&T 電話公司的工會，因為這個產業的擴大，市場加進了包括網路、無線通信、有線電視，甚至電影電視的內容製造，整個產業的版圖都擴大。因此，這個工會就從一個地區性的工會，經過不斷的合併，甚至包括像 NBC、ABC，就是美國國家廣播公司，像記者、劇作家、軟體程式工程師都加入，原來只是電話公司藍領階層組成的工會，由原先的一百萬人，擴大到六百萬人，這是因為產業的重組，資本家的合併，在客觀情勢下，它被迫發展，以圖生存。

就我國而言，參加工會是憲法所保障勞工結社權，受到法律保障；工會能夠組織會員共同意向與關心議題，進而發揮群體力量，為會員爭取法定權利，與增進福利措施；為了保障與爭取勞工的權利、福利，勞工都應該積極組織加入工會，讓弱勢一群受到合理保障與公平對待。政府遷台之後，基於在大陸失敗的經驗，特別重視勞工相關立法，再加上對法治的重

視，以及對弱勢團體的保障，立法更趨積極。

　　不過由於與勞動相關法條甚多，而重疊、疏漏或矛盾牴觸之處所在多有，再加上特殊的政經環境背景，因而導致台灣工會發展不易。我國將近擁有七百萬名勞工，幾乎占全國總人口數的三分之一，但是因為國內企業特性，以中小企業居多（占 90% 以上），加上政府法令限制，及高科技產業因薪資福利較佳，對籌組工會較不重視。所以，民營企業勞工組織工會的數量，明顯偏低。同時台灣的工會，長期一直是在政治體制之下發展，不論是總工會或是地方工會的層級，事實上，都處於非常強的政治脈絡之下運作的。如何爭取勞工權益，政黨力量往往扮演關鍵的角色。因此，善用政黨的關係，爭取勞工相關勞動權益的過程中，應加強透過在野黨的協助（對話、抗爭形成壓力團體），或與執政黨保持良好關係（易於協商），以獲取勞工團體最大利益，兩者間的拿捏與分際，往往涉及工會運作基本立場與態度。

第二節　勞資衝突解決方式

　　在併購過程，雇主、組織、工作團隊、企業文化均不斷改變，目標與策略重新定義，且營業據點遷移或結束。這個趨勢帶來一股威脅，只要沒有達到預期目標，隨時會被裁撤，這將迫使勞資之間的集體共識崩解。新的雇主往往藉由併購機會，重新談判勞動條件，並且可能會打破過去團體協約的模式，另以個別契約取代，工會的協商權因此受挫。即使具悠久傳統的日本企業，為了因應經濟的不佳，原有的僱用體系（或謂人事管理制度），長期僱用（或謂終身僱用）和年功賃金制，都已進行了「僱用改革」。

我國勞資爭議處理法制，提供解決勞資爭議的法律管道，並儘可能地禁止或防止公開衝突的發生。我國憲法第一百五十四條的規定，為我國勞資爭議處理的重要法源之一。依據該法「勞資糾紛之調解與仲裁，以法律定之」。事實上，為了迅速解決勞資爭議，勞資爭議當事人在調解與仲裁期間，理應有維持和平之義務。勞資使用的方式，只能以仲裁和協商為主要方式。在調解或仲裁期間，資方不得因該勞資爭議事件，而歇業、停工、終止勞動契約，或進行其他不利於勞工的行為；勞方也不得因該勞資爭議事件，而進行罷工、怠工或為其他影響工作秩序的行為。

一、仲裁

勞資爭議處理法中，最重要的就是仲裁制度。法律所規定的「仲裁」，是指勞資爭議發生時，勞資雙方無法就爭端事項達成共識，而由法定的權責機構，就該爭議調查之後，所做成的裁決，並對雙方當事人產生拘束力的一種，解決勞資爭議的方式。根據2012年最新勞資爭議處理法，仲裁委員會就勞資爭議，所作成的仲裁判斷，是與法院之判決，具有同一效力。

仲裁因程序啟動原因不同，可分為三種：1.任意仲裁，係指由勞資雙方當事人，共同申請之仲裁。2.逕付仲裁，係指爭議當事人雙方不經調解程序，而直接進入仲裁。3.強制仲裁是指主管機關，認為爭議事件情節重大，有交付仲裁之必要的，可依職權交付仲裁。

以下將仲裁的申請、仲裁機關、仲裁程序、仲裁內容以及仲裁效力分述如下。

（一）仲裁申請

依勞資爭議處理法第 3 章 2-7 條規定，勞資爭議當事人應檢具仲裁申

請書，向主管機關申請仲裁。至於勞資爭議當事人之勞方，申請仲裁事項，以工會為限。

（二）仲裁機關

勞工若有勞資爭議，且須政府協調者，可向各地勞工局提出申訴。勞資爭議仲裁委員會，為勞資爭議的法定仲裁機關。

（三）仲裁程序

勞資爭議仲裁委員會組成後，應立即召開會議，並指派委員著手調查事實。如有必要，仲裁人或仲裁委員會得委託第三人或機構，提供專家意見，除有特殊情況，該調查委員應於仲裁會議結束後的十日內，送達勞資爭議的雙方當事人。

（四）仲裁內容

仲裁判斷書的內容，載明的事項，包括：1.當事人或代理人的姓名、住所或居所；2.有通譯者，其姓名、國籍、居所；3.主文；4.事實；5.理由；6.仲裁人員之姓名；年、月、日。

（五）仲裁效力

勞資爭議仲裁委員會仲裁後，應於五日內做成仲裁書，報由直轄市或縣（市）主管機關，送達勞資爭議雙方當事人。勞資爭議當事人對於勞資爭議仲裁委員會之仲裁，不得聲明不服，且該仲裁結果視為爭議當事人間的契約；當事人的一方為勞工團體時，視為當事人間的團體協約。

二、調處

勞資爭議的調解，可分為任意申請調解及強制交付調解。調整事項的勞資爭議，經由調解程序處理，如調解不成立，經爭議當事人雙方之申

請，可交付仲裁程序處理；另雙方當事人同意，得不經調解逕付仲裁。主管機關認為情節重大，有交付仲裁之必要時，得依職權交付仲裁。

我國調處制度的法源，為內政部四十九年十一月五日台內勞字第四二三六一號函——「查協調勞資關係，調處勞資爭議，為各級勞工行政主管官署重要執掌。勞資爭議案件所涉人數，雖未符合勞資爭議處理法第一條規定，仍應予受理。又勞資糾紛依『動員戡亂期間勞資糾紛處理辦法』之規定處理時，有交付評斷時，可依據執掌先予調處」。據此命令，勞工行政主管機關得以「調處」方式處理勞資爭議事件。此外，行政院勞工委員會在七十六年十一月二十五日台（76）勞資字第八二五五號函頒訂之「處理重大勞資爭議事件實施要點」第八點第一款規定：「發生重大勞資爭議事件時，各級勞工行政主管機關應迅速進行疏導、協調，其期間以不超過十日為原則，超過十日者，應即依勞資爭議處理法進行調解、仲裁，或輔導當事人循司法途徑解決」。據此行政命令，勞工行政主管機關，得於發生重大勞資爭議事件時，以協調之方式處理。

現行勞資的爭議，以調解程序解決的途徑，可分為依勞資爭議處理法，向直轄市或縣市主管機關提出調解申請，及依鄉鎮市調解條例，向鄉鎮市公所申請調解。依勞資爭議處理法成立的調解，調解成立者視為當事人間的契約，並不像鄉鎮市調解成立者，即具有與確定判決有同一效力的效果。

三、裁決

不當勞動行為事件，嚴重影響集體勞資關係的運作，外國立法例不乏明文規範，且設置專責機構處理。我國集體勞資關係因為工會組織不夠普遍，集體勞資關係尚不發達，為期勞資關係正常發展，對於勞資雙方的不當勞動行為，除於工會法、團體協約法分別予以明定外，其處理之機制乃

特別於修正草案中新增「裁決」規定，且爭議當事人一方即得向主管機關申請裁決。

四、協調

在現行法並無明文規定協調程序的情況下，協調程序應定義為勞資雙方，透過非正式管道磋商，進而逐漸達成共識，以解決勞資爭議。在實務上，協調為現今勞資爭議發生時，最常使用之方法，90% 的勞資爭議，多依勞資爭議處理法申請調解，調解不成立的 90%，勞資雙方會選擇以非正式管道的協調私下解決。

五、遊說

所謂的遊說，指勞方或資方選擇社會上具有威望與一定權勢的人士，由其出面代表，就該勞資爭議問題，提出解決方案，藉由此代表人所具有的社會地位，說服相對人接受此方案。

六、抗爭

抗爭係以較激烈手段，迫使對方妥協的爭議處理方式。關廠為資方常用的抗爭手法；罷工、怠工或集體請假，為勞方較常用之手段，而在特定期日集會遊行示威，至今仍是我國目前所流行使用的抗爭方式。

七、訴願

憲法第十六條規定：「人民有請願、訴願及訴訟之權。」可知提起訴願是憲法保障人民的基本權利。「訴願」就是人民對於中央或地方機關的行政處分，認為違法或不當，致損害其權利或利益者，得依法提起訴願，訴願法第一條訂有明文。亦即人民不服行政處分，請求原行政處分機關之上級機關（或原行政處分機關本身），就「原處分」的合法性及適當性，進行審查的救濟制度。

因此，訴願制度之主要功能，即在匡正原處分機關，行使公權力時，有無違法或不當之情形，為行政機關自我省察之重要機制，不僅具有保障人民權利之功能，亦能促使政府提升施政品質與效能。簡言之，資方為公家機關與勞方發生爭議時，勞方提起訴願，由資方的上級行政機關撤銷處分。

八、請願

勞方對資方政策，或為個人權益維護時，向職權所屬的民意機關，或各該主管機關直接提起請願。

總結以上八種方式的精神，基本上，可將勞資爭議處理分為，一、針對權利事項爭議的處理，這是屬司法體系；二、調整（利益）事項爭議之處理，則是屬行政體系。

第三節　勞資會議

由於勞資雙方各自有不同的利益、價值和需求，彼此間經常存在著衝突，或爭議的情形。為避免衝突或爭議危及企業、產業或整體經濟的發展，為迅速且有效的解決勞資爭議，勞資會議的建構和運作，扮演著重要的角色與功能。

勞資會議是為了協調勞資關係、促進勞資合作，並防範各類勞工問題於未然，所制定的勞資諮商制度。在勞資會議的過程，衝突（特別是經濟上的衝突，如年終獎金應發多少）有可能升高，甚至非常激烈！為此，2013 年 12 月，勞委會通過「勞資會議實施辦法」修正案，新增企業應給勞方代表，參與會議的公假；且為免勞工遭「秋後算帳」，不得對勞方代

表有解雇、降職或減薪等，不當的對待。另外，公司若欲調整工作規則，須在會議中，經勞資對話討論。據勞動基準法第八十三條，及勞資會議實施辦法之規定：

一、適用勞動基準法之事業單位；

二、事業單位之分支機構，其人數在三十人以上者，都應舉辦勞資會議。

勞資會議制度的設計，就資方管理單位而言，勞資會議是宣傳公司生產，及管理政策的最好時機，可藉此增進員工對事業單位的營運狀況，及產品開發或行銷有所認識；就勞方而言，可透過此機會將勞工心聲有效轉達。故此，它是藉由勞資雙方同數代表，舉行定期會議，利用提出報告與提案討論的方式，獲致多數代表的同意後，做成決議，再由勞資雙方共同執行，以達到改善勞動條件與增進生產的目的。

勞資會議關鍵樞紐首重人數，第一種是出席人數，第二種是決議人數。一般的會議，大都只要全體應出席人的過半數，就具有合法性。可是勞資會議的召開，勞資雙方代表則必須有各過半數的出席，會議才具有合法性。故此，勞資任何一方若都執著於「以對抗代替合作」，甚或將其視為展現實力的鬥爭場合，那麼勞資會議可能無法開成。在決議人數的部分，必須有出席代表四分之三以上的同意始得決議，這就有異於一般會議議案的二分之一以上；並且勞資會議中，有關議案之決議，以「共識決」為主，如勞資雙方不能溝通協商達成共識，一旦須動用到表決時，則很難達成法定四分之三以上得決議之數。

一、勞資會議主席

勞資會議主席產生方式，原則上由勞資會議雙方，派代表輪流擔任，

以維持會議之公平公正。但特殊狀況時，亦可由勞資雙方代表各推派一人，共同擔任主席。在勞資會議的過程中，主席應維持發言的公平及理性，不可因自己所代表的身分而有偏袒之情形，同時對於偏激的言詞、情緒，應大公無私地予以疏導、克制，以免形成討論場面的僵持，而無法達成協議。

二、勞資會議參與人員

　　根據行政院內政部所頒發的勞資會議實施辦法第三條規定，勞資會議由勞資雙方同數代表組成，其代表人數視事業單位人數多寡，各為 3 至 9 人。但事業單位人數在 100 人以上者，各不得少於 5 人。第四條勞資會議之資方代表，由雇主或雇主就事業單位熟悉業務、勞工情形者指派之。第五條勞資會議之勞方代表，事業單位有工會組織者，由工會會員或會員代表大會選舉之；尚未組織工會者，由全體勞工直接選舉之。事業單位各部門距離較遠或人數過多者，得按各部門勞工人數之多寡分配，應選出之勞方代表人數分區選舉之。

三、勞資會議議事範圍

　　勞資會議實施辦法第十三條，勞資會議之「議事範圍」分為報告事項、討論事項、建議事項三類。

（一）報告事項

　　1.關於上次會議決議事項辦理情形；

　　2.關於勞工動態；

　　3.關於生產計畫及業務概況；

　　4.其他報告事項。報告事項並無性質或範圍之限制，但可聚焦以強化

議事效率。

（二）討論事項

1.關於協調勞資關係、促進勞資合作事項；

2.關於勞動條件事項；

3.關於勞工福利籌劃事項；

4.關於提高工作效率事項。

（三）建議事項

四、決議

　　勞資會議所通過的決議，應有勞資雙方各過半數代表出席會議，並經出席代表四分之三以上同意；但決議不得違反國家有關法令，及團體協約等規定。決議之後，勞資會議代表應主動參與各項決議案的執行與推動，並盡力協調各相關單位，期使所決議的事項能夠如期的達成。在處理與執行決議案時，應注意下列三點：

　　（一）勞資會議通過的決議事項，應由事業單位，分送工會及有關部門辦理；

　　（二）分支機構議事範圍涉及全體事業單位時，得經由勞資會議決議，向事業單位提出建議；

　　（三）設立專案小組：為執行勞資會議決議，可就勞資會議代表中，選定對決議內容瞭解的專業人員，並會同公司內相關部門成立專案小組，來負責推動與執行決議內容，並將執行或研究結果，提報勞資會議。

　　任何勞資會議之決議事項，及已交由相關部門及專案小組執行之決議事項，均應於下次會議時提出報告，讓所有勞資會議代表，瞭解其執行現

況，若決議事項無法實施時，亦須於會議中報告，使勞資會議的功能，發揮到極致，以充分表現協調溝通的誠意與功能。

五、討論事項

（一）關於協調勞資關係、促進勞資合作事項。譬如，員工於工作場所遭遇的困難，及管理者所遇到生產管理上的阻礙等，皆可於會中提出討論，以增進彼此的瞭解，使勞資爭議消弭於無形；

（二）關於勞動條件事項；

（三）關於勞工福利籌劃事項，例如：退休、撫卹、工時、工資調整、休息時間變更、特別休假之排定及職災補償給付等；

（四）關於提高工作效率事項，例如：人員、物料、水電等的節約、提案的參與、安全衛生設備之維護及改善、品質之提升、工作流程之簡化等等。

六、建議事項

勞方代表於平時即應多瞭解工作環境的實際狀況，並蒐集勞工日常工作時，在工作環境、生產問題，及工作場所之安全等所遭遇的各種問題，及有利於生產效率改善的建議，以利事業單位做決策時的參考。

台灣缺乏集體勞資關係的形成，勞工對參與工會組織，也沒有太大興趣，所以個別勞工權益保障，大多把希望寄託在政府身上。但實務上，政府的立法，不可能面面俱到，勞資會議仍然扮演著重要角色。

第四節　就業歧視與職場性騷擾

　　企業的創立，其勞資關係會伴隨著企業的營運發展，而有所不同的變化。目前在職場上，就業歧視與職場性騷擾的議題，有愈來愈被重視的現象，這也與現在政經潮流及企業經營密切相關。

一、就業歧視

　　我國現行的法律，明訂禁止的「就業歧視」。不過就業歧視防制觀念，在我國仍屬萌芽階段，企業及民眾對於就業歧視之認知與概念，泰半模糊不清，以致近年來有關就業歧視，所引起的勞資爭議案件時有所聞。這不但損及勞工就業者的權益及福祉，更易造成事業單位生產力的降低。

　　根據我國憲法第七條及第十五條規定：「中華民國人民，無分男女、宗教、種族、階級、黨派，在法律上一律平等。人民之生存權、工作權及財產權，應予保障。」新修正就業服務法第五條的規定：「為保障國民就業機會平等，雇主對求職人或所僱用員工，不得以種族、階級、語言、思想、宗教、黨派、籍貫、出生地、性別、性傾向、年齡、婚姻、容貌、五官、身心障礙或以往工會會員身分為由，予以歧視。」就業歧視的認定，是根據就業服務法施行細則第五條「直轄市、縣（市）政府為認定就業歧視，得邀請相關政府單位、勞工團體、雇主團體代表及學者專家組成就業歧視評議委員會。」依據以上法律，在求職或任職期間，雇主對勞工如有性別、容貌、殘障以及工會會員身分為由等因素的就業歧視行為，即可向各地勞工局投訴，勞工局即可據此，召開就業歧視評議委員會。若經評議就業歧視案件成立，其所屬事業單位將依法處理。

　　兩性工作平等法第七條、第十一條規定，雇主對求職者或受僱者之招

募、甄試、進用、分發、配置、考績、升遷、薪資之給付、退休、資遣、離職及解僱等，也不可以因性別而有差別的待遇；但工作性質僅適合特定性別者，不在此限。目前常見的違法現象是，機構辦理代招代考或徵才廣告中，限制了性別。除非有合理的業務必需性，或不可替代性，才可以有男女性別的限制，例如：拍電影徵女主角限女性，或徵男主角限男性，其他則不可以有性別的歧視。

基於工作職場上性別歧視問題日趨受到重視，顯見我國婦女人權之保護實為當務之急。基本上，女人在職場的工作權方面，潛藏著重重難關與不平等對待，阻隔女人在工作上的發展。其實，就是一連串的差別待遇！譬如，有許多企業的招考，甚至部分的國家特考，完全扼殺女性的報考機會。在「男性要養家」的觀念下，形成同工不同酬的現象。

二、職場性騷擾

性騷擾所以成為公權力干預的事項，是來自個人就業與就學機會平等的保障，因而特別強調組織或機構內，因權力濫用而導致工作倫理與工作關係的破壞，更會對所在場所（班級、校園或工作單位）造成諸如士氣低落、人際信任降低、彼此猜疑、兩性關係對立或對外公共關係的傷害等。在兩性工作平等法中，職場性騷擾是以行動者的外顯行為，加上受侵犯者的主觀感受，作為職場性騷擾共同觀察的指標。

事業單位具有防止職場性騷擾的責任，因為只有雇主才有權利對員工處以各種管理權。目前事業單位的責任是，「事前預防、事後處理」。常見的職場性騷擾有四種：

（一）性的交換：就是上司要求女職員，以性來交換職位升遷。

（二）敵意的工作環境：就是在工作的情境中，張貼著有性暗示的海

報，或是充斥著令人難堪的言語騷擾。

（三）性的徇私：就是他人利用性，來獲取較高的待遇或職務，而認真工作者，無法按照制度升遷。

（四）非公司員工的性騷擾：就是來自於客戶的性擾擾。

不管是哪一種性騷擾，都對受害者帶來很大的傷害，去留之間，盡是為難。

為避免這些事件的發生，因此，事業單位在防範上，必須明訂且公開昭示性騷擾防制措施、申訴及懲戒辦法，清楚宣示反性騷擾的政策，並成立申訴委員會等，依性別工作平等法第十三條規定，雇主的責任是，僱用受僱者三十人以上者，應訂定性騷擾防治措施、申訴及懲戒辦法，規定處理性騷擾事件之程序；實施防治性騷擾之教育訓練；設置性騷擾申訴之專線電話、傳真、專用信箱或電子信箱，並指定人員或單位負責；與受僱者代表共同組成申訴處理委員會；雇主若未依法訂定性騷擾防治措施、申訴及懲戒辦法，或知悉性騷擾情事，而未採取立即有效之糾正及補救措施，主管機關可依第三十八條規定，處新台幣一萬元以上十萬元以下罰鍰。若雇主已遵行本法所定的各種防治性騷擾規定，受僱者或求職者仍不免發生性騷擾情事，而受有損害者，雇主可不負連帶損害賠償責任。反之，雇主若知悉性騷擾情形，而未採取立即有效的糾正及補救措施，造成受僱者或求職者受有損害，雇主應負賠償責任。

在執行上，如果有事業單位內，對員工之申訴處理不當，或未予處理，或未設置申訴委員會，就可向各地就業歧視評議委員會，或兩性工作平等委員會申訴。

性騷擾事件發生時，求助工會的效能不彰，這是因為長期以來，參與

工會並具性別意識的女性，是少數中的少數；因之，當性騷擾發生時，工會內的幹部，若沒有女性的工會幹部可以申訴，對於受害人所能夠給予的幫助，便相當的有限。

勞工安全管理

紐西蘭勞工除享有週休二日的福利外，根據紐西蘭「休假法案」（Holidays Act）規定，勞工在工作滿 12 個月後，每年至少享有 3 週之帶薪休假。在該國的「僱傭健康及安全法」，課以雇主盡力防止員工及其他人員，在工作場所發生意外的責任。可見維護勞工安全與福利，是先進國家所重視的議題，而我國呢？

有個國王占領了一座城池，在即將進城之前，他發出一條命令：「城中婦女皆可免死，而且明天天亮以前，她們可以攜帶自己最值錢的東西，離開這個城，國王保證她們的安全。」第二天天一亮，只見全城婦女個個都揹著，沉重的包袱，累得滿頭大汗，上氣不接下氣地走出城門。原來，她們揹的都是自己的丈夫。

　　這是一個感人的故事，如果把「城中婦女」比喻為女性勞工，把「自己的丈夫」比喻為企業，能夠讓員工如此深愛著自己的企業，這就是一個成功的企業！

第一節 雇主對於勞工安全的責任

職業災害的原因，可能為機械設備、物料原料、作業程序，或作業方法不當、緊急控制或預防設施缺乏，環境不適合或不佳，甚至個人因素，如不知、不能、不願、不顧，及草率等因素所造成。所以凡勞工因執行職務，而遭遇災害，結果導致死亡、殘障、傷病，均可稱為職業災害。

當勞工發生工業意外、職業疾病，而遭致傷害、殘廢，甚至死亡時，不僅造成人員的傷亡，且造成工廠財產損失，社會的不安定。根據勞工保險局的統計資料顯示，每小時約有四至五人受傷。因此，政府制定勞工安全衛生法規，來防止意外事故的發生，以保護勞工生命安全與身體健康，促進社會的安定和繁榮。

一、雇主對於勞工安全的責任

根據民國 102 年 07 月 03 日所修訂的職業安全衛生法規定，雇主對於勞工安全，必須負起十四種責任。

（一）防止機械、設備或器具等引起之危害；

（二）防止爆炸性或發火性等物質引起的危害；

（三）防止電、熱或其他能引起的危害；

（四）防止採石、採掘、裝卸、搬運、堆積，或採伐等作業中，引起的危害；

（五）防止有墜落、物體飛落，或崩塌等之虞之作業場所引起的危害；

（六）防止高壓氣體引起的危害；

（七）防止原料、材料、氣體、蒸氣、粉塵、溶劑、化學品、含毒性物質，或缺氧空氣等引起的危害；

（八）防止輻射、高溫、低溫、超音波、噪音、振動，或異常氣壓等引起的危害；

（九）防止監視儀表或精密作業等，引起的危害；

（十）防止廢氣、廢液或殘渣等，廢棄物引起之危害；

（十一）防止水患或火災等引起的危害；

（十二）防止動物、植物或微生物等引起的危害；

（十三）防止通道、地板或階梯等引起的危害；

（十四）防止未採取充足通風、採光、照明、保溫，或防濕等引起的危害。

二、安全衛生措施

雇主對下列事項，應妥為規劃，及採取必要的安全衛生措施：

（一）重複性作業等促發肌肉骨骼疾病之預防；

（二）輪班、夜間工作、長時間工作等，異常工作負荷促發疾病的預防；

（三）執行職務時，因他人行為所遭受身體或精神，不法侵害的預防；

（四）避難、急救、休息，或其他為保護勞工身心健康的事項。

三、工時限制

在高溫場所工作之勞工，雇主不得使其每日工作時間，超過六小時；異常氣壓作業、高架作業、精密作業、重體力勞動，或其他對於勞工具有特殊危害的作業，亦應規定減少勞工工作時間，並在工作時間中，予以適當的休息。

四、健康檢查

雇主於僱用勞工時，應施行體格檢查；對在職勞工應做的健康檢查有三種，

（一）一般健康檢查；

（二）從事特別危害健康作業者，應進行特殊健康檢查；

（三）經中央主管機關指定為，特定對象及特定項目的健康檢查。

五、醫護編制

事業單位勞工人數在五十人以上者，應僱用或特約醫護人員，辦理健康管理、職業病預防及健康促進等，勞工健康保護事項。

六、緊急疏散措施

由於工作場所因條件改變、環境變化，如有造成勞工立即危險之虞時，雇主或代表雇主，從事管理、指揮或監督勞工，從事工作之工作場所負責人，應即令停止作業，並使勞工退避至安全場所。有立即危險之虞者指：

（一）自設備洩漏大量危險物或有害物，致有立即發生爆炸、火災或中毒等危險之虞時；

（二）從事河川工程、河堤、海堤或圍堰等作業，因強風、大雨或地

震,致有立即發生危險之虞時;

(三)從事隧道等營建工程或沉箱、沉筒、井筒等之開挖作業,因落磐、出水、崩塌或流砂侵入等,致有立即發生危險之虞時;

(四)於作業場所有引火性液體之蒸氣或可燃性氣體滯留,達爆炸下限值之百分之三十以上,致有立即發生爆炸、火災危險之虞時;

(五)於儲槽等內部,或通風不充分之室內作業場所,從事有機溶劑作業,因換氣裝置故障,或作業場所內部受有機溶劑或其混存物汙染,致有立即發生,有機溶劑中毒危險之虞時。

第二節　安全衛生管理機制

雇主對勞工,應施以從事工作與預防災變,所必要的安全衛生教育及訓練。

一、設置勞工安全衛生組織、人員

雇主應依其事業單位的規模、性質,訂定職業安全衛生管理計畫;並設置安全衛生組織、人員,實施安全衛生管理,及安全衛生管理等自動檢查。

二、合格人員充任

經中央主管機關指定具有危險性,機械或設備的操作人員,雇主應僱用經中央主管機關認可之訓練,或經技能檢定之合格人員充任。

三、雇主責任

事業單位以其事業招人承攬時,其承攬人就承攬部分,負職業安全衛

生法所定，雇主的責任；原事業單位就職業災害補償，仍應與承攬人負連帶責任。再承攬者亦同。

事業單位以其事業之全部或一部分，交付承攬時，應於事前告知該承攬人，有關其事業工作環境、危害因素，暨職業安全衛生法及有關安全衛生規定，所應採取的措施。此外，原事業單位還應該，採取下列必要措施：

（一）設置協議組織，並指定工作場所負責人，擔任指揮、監督及協調之工作；

（二）工作的連繫與調整；

（三）工作場所的巡視；

（四）相關承攬事業間的安全衛生教育之指導及協助；

（五）若事業單位分別交付二個以上承攬人共同作業，而未參與共同作業時，應指定承攬人之一，負前項原事業單位的責任。若二個以上之事業單位分別出資，共同承攬工程時，應互推一人為代表人；該代表人視為該工程之事業雇主，負本法雇主防止職業災害之責任。

四、雇主危機處理

事業單位工作場所發生職業災害，雇主應即採取必要之急救、搶救等措施，並會同勞工代表實施調查、分析及作成紀錄。同時，事業單位勞動場所發生下列職業災害之一者，雇主應於八小時內，通報勞動檢查機構。這些職災包括，

（一）發生死亡災害；

（二）發生災害的罹災人數，在三人以上；

（三）發生災害的罹災人數，在一人以上，且需住院治療；

（四）其他經中央主管機關，指定公告的災害。

勞動檢查機構接獲前項報告後，應就工作場所發生死亡，或重傷之災害，派員檢查。事業單位發生第二項之災害，除必要之急救、搶救外，雇主非經司法機關或勞動檢查機構許可，不得移動或破壞現場。

在勞工安全管理的部分，有愈來愈多企業除了改善工環境，將低原工傷害外，也推出「善待員工的措施」，譬如，電子郵件和智慧手機的出現，讓溝通變得更即時、更輕鬆，卻也讓老闆對白領階層員工，要求愈來愈多。所以像福斯汽車（VW）在部分員工下班半小時後，就直接關閉員工的電子信箱，以免又有新的任務。讓員工下班之後，卻又出現責任制！這些都是「善待員工的措施」。

企業防過勞措施

企 業	措 施
福斯	部分員工下班半小時後，關閉他們的電子信箱
BMW	員工下班後不用隨時待命，提倡不要超時工作
高盛	提供社會新鮮人正職工作、要求新進人員周末休假
Quirky	每季實施「關燈」周，僅一名客服人員須輪值

資料來源：美聯社

第三節　童工與女性勞工的保護

童工與女性勞工，因年齡和體能處於特殊狀況，因此必須加以保護。根據職業安全衛生法規定，對於童工與婦女，均有特別詳細的規定。

一、童工

雇主不得使未滿十八歲者，從事危險性或有害性工作。這些工包括，

（一）坑內工作；

（二）處理爆炸性、易燃性等物質的工作；

（三）鉛、汞、鉻、砷、黃磷、氯氣、氰化氫、苯胺等有害物散布場所的工作；

（四）有害輻射散布場所的工作；

（五）有害粉塵散布場所的工作；

（六）運轉中機器或動力傳導裝置危險部分的掃除、上油、檢查、修理或上卸皮帶、繩索等工作；

（七）超過二百二十伏特電力線之銜接；

（八）已熔礦物或礦渣的處理；

（九）鍋爐之燒火及操作；

（十）鑿岩機及其他有顯著振動的工作；

（十一）一定重量以上的重物處理工作；

（十二）起重機、人字臂起重桿的運轉工作；

（十三）動力捲揚機、動力運搬機，及索道之運轉工作；

（十四）橡膠化合物及合成樹脂的滾輾工作；

（十五）其他經中央主管機關，規定，具危險性或有害性的工作。

二、女性勞工

雇主不得使妊娠中的女性勞工，從事下列危險性或有害性工作：這些工包括，

（一）礦坑工作；

（二）鉛及其化合物散布場所的工作；

（三）異常氣壓的工作；

（四）處理或暴露於弓形蟲、德國麻疹等，影響胎兒健康的工作；

（五）處理或暴露於二硫化碳、三氯乙烯、環氧乙烷、丙烯醯胺、次乙亞胺、砷及其化合物、汞，及其無機化合物等，經中央主管機關規定，具危害性，化學品的工作；

（六）鑿岩機及其他有顯著振動的工作；

（七）一定重量以上的重物處理工作；

（八）有害輻射散布場所的工作；

（九）已熔礦物或礦渣的處理工作；

（十）起重機、人字臂起重桿的運轉工作；

（十一）動力捲揚機、動力運搬機，及索道的運轉工作；

（十二）橡膠化合物及合成樹脂的滾輾工作；

（十三）處理或暴露於經中央主管機關規定，具有致病或致死的微生物，感染風險的工作；

（十四）其他經中央主管機關規定，具危險性或有害性的工作。

此外，雇主不得使分娩後，未滿一年之女性勞工，從事下列危險性或有害性工作：

（一）礦坑工作；

（二）鉛及其化合物散布場所的工作；

（三）鑿岩機及其他有顯著振動的工作；

（四）一定重量以上之重物處理工作；

（五）其他經中央主管機關，規定之危險性或有害性的工作。

中央主管機關指定之事業，雇主應對有母性健康危害之虞的工作，採取危害評估、控制及分級管理措施；對於妊娠中或分娩後未滿一年的女性勞工，應依醫師適性評估建議，採取工作調整或更換等健康保護措施，並留存紀錄。

第四節 職業災害補償

當勞工在工作過程中，可能因工作場所之廠房設施不良、機械設備結構缺陷、工具不良等硬體設施不足，或由於員工安全知識不足、雇主未善盡管理責任等，導致勞工發生受傷，甚至死亡，因而無法工作，甚至影響勞工生活。

勞工保險對於職業災害，大致分為兩大類，一為職業傷害，這是依

「勞工保險被保險人因執行職務而致傷病審查準則」的規定來認定；另一為職業疾病，這是依「勞工保險職業傷病種類表」等項目（共有八大類六十九項）來認定。就職業傷害來說，主要的核心，就是被保險人因執行職務而致傷害。它可能來自於作業開始前，在等候中，因就業場所設施或管理缺陷所發生的事故；或因作業準備及收拾行為所發生的事故；或於作業終了後，經雇主核准利用就業場所設施，因設施缺陷所發生的事故；或因勞務管理上的必要，或在雇主指揮監督下，從飯廳或集合地點赴工作場所途中，或自工作現場返回事務所途中，為接受及返還作業器具，或受領工資等例行事務時，所發生的事故。

就職業疾病來說，主要是指被保險人，於勞工保險職業病種類表，規定適用職業範圍從事工作，而罹患表列的疾病者。職業病診斷書應由公立醫院，及地區以上教學醫院各專科醫師，或全民健康保險特約醫療機構執業者，經中央衛生主管機關，審定合格的職業病診療醫師開具。

如果造成勞工在就業場所發生職業災害，而造成災害的物品、工具、設施或場所的缺失，是由另外一家企業主所製造或提供者，則該製造者或提供者，應依消保法規定，負起民事賠償的責任，如：

一、飲水機未附設漏電斷路器，造成勞工的感電災害；

二、雇主辦理活動，所購買的餐飲物品不潔，造成勞工健康的醫療事故；

三、雇主承租交通車，因提供人的設備或管理缺失，造成相關災害；

四、電氣承攬商安裝電氣設備，未配置接地線，造成員工感電災害；

五、電梯廠商安裝電梯不當，造成勞工使用上的傷害。

職業災害撫卹表

給付單位	法源依據	給付原因	給付內容
事業單位（雇主）	勞動基準法	職業災害（職業傷害或職業病）	1.醫療補償 2.工資補償 3.殘廢補償 4.死亡補償
勞工保險局	勞工保險條例	職業傷害或職業病	1.醫療給付 2.工資津貼 3.殘廢給付 4.死亡津貼
保險公司	保險契約	意外事故	1.醫療津貼 2.生活津貼 3.殘廢給付 4.死亡給付
侵權行為人	民法	侵權行為（損害賠償）	1.減少勞動能力 2.扶養義務 3.慰撫金 4.慰藉金 5.殯葬費
主管機關	國家賠償法	1.公務員侵權行為 2.公務員怠於職務 3.公有公共設施欠缺	1.減少勞動能力 2.扶養義務 3.慰撫金 4.慰藉金 5.殯葬費
企業經營者	消費者保護法	商品或服務危害	1.減少勞動能力 2.扶養義務 3.慰撫金 4.慰藉金 5.殯葬費
各縣市政府	職業災害撫卹辦法	職業災害	1.殘廢津貼 2.死亡津貼 （向各縣市政府勞工局申請）

在發生職業災害後，究竟可以向哪些機關申請救助？領取補助金額為何？這些議題都是職工所關心的。根據勞動基準法第五十九條，對勞工遭受職業災害的補償方法，有一定的規範。首先，勞工受傷或罹患職業病時，雇主應補償其必需的醫療費用。其次，勞工在醫療中不能工作時，雇主應按其原領工資數額，予以全數補償；醫療期間屆滿二年，仍無法痊癒者，可經指定醫院診斷，判定喪失原有工作能力，且不符合殘廢給付的標準時，雇主得一次給付四十個月的平均工資，以免除工資補償責任。倘若勞工在治療結束後，經指定醫院診斷，判定為殘廢時，雇主應按其平均工資及殘廢程度，一次給予殘廢補償，殘廢補償標準依勞工保險條例相關規定。不過，只有當勞工，依勞工保險條例無法領取達上述標準的給付與補償時，雇主才須負擔不足部分的給付與補償費用。

　　職業災害發生的原因，如果是雇主的設備或管理缺失，甚至是他人的過失造成時，可以請求雇主或肇事者民事賠償，其賠償金額及賠償方式，可由兩方面自行協商。不過職業災害補償並不必然是一種「賠償」行為，因即使非雇主設備或管理的缺失，才可請求協助，也就是縱然是勞工本身，或他人的疏忽，所造成的傷害，也就可以請求給付。

　　當勞工發生職業災害後，權益的維護，應依下列程序進行：

　　一、向雇主申請公傷假；

　　二、向雇主或直接向勞保局索取「職業傷病門診就診單」或「住院申請書」前往醫院就醫，可免除自付額之醫療費用，至於醫院向就醫者收取之現金部分（掛號費及勞保局不給付者），將其收據向雇主請領已付之金額；

　　三、在醫療期間沒有工作時，可以向雇主請領「原領工資」。若雇主

未給予原領工資時，則向勞保局申請「工資給付」；

　　四、若是醫療後變成殘廢時，可以向雇主及勞保局請領「殘廢給付」；

　　五、若發生職業災害死亡時，受益人依法向補償或賠償義務人，請求各項給付；可以請求受益人之身分，如民法與勞基法、勞工保險條例不同，團體保險之受益人，是民法之繼承人或指定受益人，因不同法律有其不同規定，應特別留意；

　　六、如果勞資雙方或其他有賠償權利、義務的當事人，協議達成和解後，應訂立「和解書」。

人力資源危機管理

企業損失的時間點，常出現在企業發生危機，尤其是營運績效由盈轉虧，造成企業人心浮動之際。此時企業營運困難，難保公司內部員工信心不會動搖而另謀高就，到時候相關負責的專業人才出走，儘管危機順利解決，但另一個人才危機卻緊跟著來臨。

九一一恐怖攻擊當天，在世貿大樓災害現場進行搶救的救難人員，到鄰近的星巴克咖啡店要幾箱水，結果店員竟然要他們付錢。這件事不出幾小時，就在網路上迅速散播開來，結果成為全球人盡皆知的新聞。星巴克剎那間，成了眾矢之的，導致星巴克聲譽下滑，股票大跌！只因一名員工的疏忽、無知，卻造成美國社會憤恨難消。最後星巴克終於道歉，並把一百三十元退給救難單位。這件事顯示員工溝通與訓練過程中，尤其是在灌輸品牌價值上，出現了瑕疵，而使星巴克栽了大跟斗！

　　「經濟發展在企業，企業發展在人才」，一流人才對於企業版圖的發展，占有非常關鍵的地位，因此企業最重要的是，要想辦法把一流人才吸引過來。尤其在市場強敵環伺，或景氣衰退的大環境中，希望能振衰起蔽、脫穎而出的企業，更要著重人才。在創投業常有所謂的：「寧可投資擁有一流人才，而僅擁有二流技術的公司，也勝過擁有一流技術，而僅擁有二流人才的公司。」其背後的精神，就是人的主觀能動性，超越客觀的硬體價值。

　　人力資源是企業資源中，最重要的資源之一，為使企業順利運作、永續發展，有必要加以管理。本章首先剖析人力資源管理的危機面，進而提出解決之道。故此，在人力資源危機管理這一章，分為兩大部分，第一大部分是企業十大人力資源管理危機，它包含：企業學習力危機、品德與忠誠度危機、濫竽充數危機、組織結構危機、制度危機、職場安全危機、士氣危機、人才流失危機、員工被綁架危機、法律危機。第二大部分是，針對第一大部分危機，提出方案來解決。本書所論及的人力資源（Human Resource），指的是「組織內有關員工的所有資源而言，它包括員工性別、人數、年齡、素質、知識、工作技能、動機與態度等」。人力資源管理（Human Resource Management）係指，「對組織中人員加以有效管理，以使員工、企業及社會均能蒙受其利」[1]。

---

[1] 李正綱、黃金印，《人力資源管理》，台北：前程出版社，2001 年 6 月，頁 17。

第一節　企業十大人力資源危機

全球化時代企業人力資源，所遭受的挑戰與危機，無論在本質上或速度上，皆迥異於以往所遭遇的。唯有將其偵測出來，才能防患於未然。以下將十大人力資源危機，列出並說明之。

一、企業學習力危機

競爭者的挑戰，外在環境激烈的變遷，如果企業不能與時俱進，組織不能不斷學習，競爭力不能快速提升，勢必難以應付外來挑戰，企業就會落在市場系統的危機當中而逐漸衰微。既然「變」已成常態，整體企業組織就必須全面學習，才能持續的創新。

Mark Haynes Daniell 強調企業在危機世代中，應著重[2]：反應的能力，及資源有效部署的能力。企業的組織形式，若不能成為學習型的組織，使企業員工增強職能專長，擔負新的使命與角色，相對於外在環境的威脅，這種缺乏反應的能力，將是企業危機的根源。我國企業若想從傳統產業，轉型為高科技的企業，必須提升現有工程師，及其他專業人才的能力。尤其在網際網路時代，電子商務及網路行銷，有其不可抹滅的重要性，企業應該學習的層面甚廣。例如：客戶關係管理（CRM）、企業資源規劃（ERP）、供應鏈規劃及執行（SCP/E）、事業夥伴關係管理（PRM）、企業經營績效管理（BPM）、電子商務（e-Business）、企業入口網站（Corporate Portal）及行動運算（Mobile Computing）等，都涵蓋在學習的

---

[2]　Mark Haynes Daniell, *World of Risk: Next Generation Strategy Volatile Era*, Singapore: John Wiley & Sons Pre Ltd, p. 53.

範圍內。

二、品德與忠誠度危機

2013 年，乖乖內部經理將過期食品，加以竄改製造日期，再繼續外賣，這對於具有半個世紀歷史的企業，是重大打擊。

品德與忠誠度，都是企業員工的必備條件，永續發展的資產，但也可能是企業崩潰的源頭，中國人所謂「水可載舟亦可覆舟」正是這個道理。企業如果用道德操守不佳的人來擔任企業要職，就如同不定時的炸彈，隨時都可能爆發而重擊企業。根據 Hill 研究美國 67 家經營失敗的銀行所歸納失敗的原因為：

（一）對內部關係人的不當貸款；

（二）由於職員的道德風險，所以發生侵占和盜用公款；

（三）貸款品質管理不良，最後導致呆帳損失[3]。

總結這些失敗的原因，以品德缺失最嚴重。尤其在久任某一職位後，除了豐富的職務經驗外，尚可能發現工作中的漏洞。在報章雜誌這類案例最多的是，保全公司的運鈔人員監守自盜，以及銀行違法授信放貸。其結果可能打擊企業、半毀企業、瓦解企業，尤其著名的案例有三：

（一）瓦解企業

1995 年 2 月 26 日轟動全球的霸菱銀行（Barings Bank），因虧損十四億美元而宣告倒閉。其巨額虧損係由一名年僅二十八歲的營業員里森（Nicholas Lesson），在未經授權的情況下，賭輸了日經指數期貨，卻利

---

[3]　劉金華，《金融管理》，台北：捷太出版社，1999 年 1 月，頁 142。

用多個戶頭,掩蓋其損失部位。而且為了扳回龐大損失,里森最後利用更高的期貨槓桿全力下注,最後不但無法回本,甚至將百年基業的霸菱銀行(1762 年成立)一舉擊垮[4]。

(二)半毀企業

國際票券案的男主角,榨取該公司近百億的資金,致使該公司的股價從四十幾元,一路下滑至十元左右,且多年不見起色。

(三)打擊企業

2002 年台積電員工涉嫌利用電子郵件,將公司晶圓製程與配方,以及十二吋晶圓廠配置與設計圖等營業機密,傳輸到上海某國際集成電路公司。由於核心技術外洩,就可能產生複製甚至取代原企業的工作能力,而影響企業未來的發展。

三、濫竽充數危機

企業掌握了人才,就等於掌握了市場的主動權。沒能留得住人才的企業,很可能在缺乏競爭力的情況下逐漸萎縮,最後走向倒閉之途。以網站開發為例,由於需要大量高素質的人才,全天候 24 小時 365 天的投入。即使網站技術平台是買現成的軟體,也必須有自己的技術團隊,來開發程式、撰寫、維護、網站內容的更新,以及日後的服務。又例如金融服務業的銀行,其成功必須具備最適資產管理(Optimium Portfolio Management, OPM)、最適負債管理(Optimium Liability Management, OLM)以及最適

---

[4] 林進富,《公司併購教戰守則》,台北:聯經出版公司,1999 年 5 月,頁42。期貨就像一把利劍,操作得好,可以避險獲利;反之,看得不準,可能傾家蕩產。

資產負債管理（Optimium Asset Liability Management, OALM）三項要件。無論前述三者的哪一項，都需要具備人才[5]。從兩種不同的產業，卻同樣需要第一流人才來看，企業的成敗，人才無疑是最重要的關鍵。

但是當企業在高度成長，或亟需用人之際，卻又難招募到員工時，就很可能放鬆對應聘者的篩選和資格審查。因而使得一些缺乏經驗、技能較低，管理能力、技術水平明顯不夠的人員，甚至沒有受過正規培訓的職工，也充斥到企業的技術研究、產品研發、市場營銷、財務管理、資訊管理等重要部門的職位。這些由於經驗和能力缺乏的員工，卻擔任企業要職，結果可能隨時為企業帶來危機[6]。企業錯誤可大可小，對企業也可能出現不同程度的危機。下列兩個危機，可作為前車之鑑：

（一）車諾比爾核電廠的爆炸危機，反應爐的冷卻系統設計不良，以及缺乏防止輻射外洩的圍堵結構固是重要原因，然而如果沒有人員不當操作，也不會造成前蘇聯烏克蘭地區的重大災難。

（二）日本雪印乳業株式會社因乳品品質不良危機，導致一萬多名消費者集體中毒，造成公司創立七十五年來，最大的經營危機。造成主要的原因是，大阪廠未依衛生規定按時清洗，並將未出貨或退貨之過期乳製品，重新加工生產；部分混裝過程是在戶外進行，不僅溫度無法控制，而且灰塵四散。危機爆發後，第一線員工不僅沒有即時採取行動，也沒有向上級呈報，而導致危機持續升高，最後使整個企業的經營權轉移。

四、組織結構危機

市場不是靠單打獨鬥，而是企業群策群力的總體戰力。然而企業部門

---

[5]　劉金華，《金融管理》，台北：捷太出版社，1999 年 1 月，頁 91。

[6]　鄧曉嵐，《企業內部的風險》，北京：經濟管理，2000 年 7 月，頁 24。

與部門之間，若因藩籬過高，溝通不良，則易造成商場上無法快速反應，而失去先機。員工自掃門前雪的心態，不但讓企業成功的可能性大打折扣，最終也會導致企業市場占有率的下降。公司若任由部門各行其是，則部門間的專業取向，及其主事者的動機，不免將支配各部門的戰略走向，最後公司的總體戰力降低。所以必須確保各部門，在公司大戰略目標下，集眾智、眾力，發揮相加相乘的效果。為了要達成這個目標，就必須掃除組織結構的障礙。特別是企業預算及升遷機會的制度設計，所屬部門業績佳時，預算及人員都會隨著增加，個人獎金與晉升機會也都增多。因此公司各部門，皆各自以其所屬部門的利益或立場為最高利益。影響所及，狀況較輕者，無法為公司全體利益，達成所需的協調；狀況較重者，寧可犧牲公司利益，也要追求自己部門的利益[7]。

五、制度危機

無制度不足以統合戰力，而錯誤的制度也將會使企業戰力大減。企業應該設計足夠誘因的機制，使員工願意全力以赴。考績、職務調動、員工待遇，是企業經營的重要支柱，但也常出現錯誤。

（一）為了在激烈的市場競爭中，取得優勢地位，企業管理者通常可能訂出各種遠大的計畫，這在企業內部，會對員工造成很大的業績考評壓力。透過業績的方式激勵員工，在一定限度內是一種動力，但如果超過這一限度，則往往轉化為員工難以承受的壓力。為避免被降職、減薪，甚至

---

[7] 伍進坤譯，《危險的公司》，台北：志文出版社，1986 年，頁 100。在一般的原則下，管理階層都會主動去追求「正確」的組織結構，實質上，最有利的組織原則是：適合任務的組織形式。使命制約了策略的選擇，策略又制約了企業結構。

裁員，就可能出現知情不報或故意矇騙等情形，或為達到產量的指標，便忽略重要的質檢程序，這都是可能導致企業危機的根源[8]。

（二）企業主把員工視為經濟工具，而出現過分要求員工或苛待員工的現象。要知道無恩不足以使眾，尤其是困難不易突破的工作，若一味苛待員工，必然產生「異化」（Alienation）的現象。表面上員工可能礙於工作的需要，不會當面衝突。但許多暗中的損失，是無法直觀式的因果論述，特別是企業對外接觸最頻繁的單位，如門房、警衛、倉庫管理員、採購原料零組件的幹部、與銀行往來的會計財務人員、處理海關事務的報關員。由於這些人掌握企業營運動態，若對這些人的管理不當，很可能為企業帶來無謂的危機。

（三）企業員工及主管的職務，如果調動過於頻繁，造成在不同性質的工作間轉換，不但會形成經驗不易積累（滾石不生苔），同時在面臨又將調職的情況下，自然無法專心致志，而導致企業成本增加，妨礙企業團隊精神的建立與發揮。有的企業業績不理想，不問是什麼原因造成的，就更換相關主管，其結果可能愈換愈糟，反而會加重組織內部動盪不安的危機，以及適應新領導期間的空窗期。因此必須檢討獲利率不如預期的原因，然後再對症下藥，解決問題根源。

六、職場安全危機

危機管理必須以人為本，畢竟員工機器設備損壞可以重新添購，但人員損失卻再也喚不回來。工作環境若可能造成職業傷害，那麼它將威脅到各種精密的機械設備、產品製程、交貨時間，甚至要付出人員意外死亡的龐大補償金。故此，企業若是僅致力追求利潤，對員工人身安全過於忽視

---

[8] 鄧曉嵐，《企業內部的風險》，北京：經濟管理，2000 年 7 月，頁 24。

的話，輕者將使企業遭致財務上的影響，重者勢必導致企業破產。儘管一次大規模的職業災害，對大企業也許不足以動搖根本，但對於中小企業的破壞力則是致命的一擊。依據我國勞工基準法第五十九條的規定：勞工因遭遇職業災害而致死亡、殘廢、傷害或疾病時，雇主應依下列規定予以補償：

（一）勞工受傷或罹患職業病時，雇主應補償其必需之醫療費用；職業病之種類及其醫療範圍，依勞工保險條例有關之規定。

（二）勞工在醫療中不能工作時，雇主應按其原領工資數額予以補償。但醫療期間屆滿二年，仍未能痊癒，經指定之醫院診斷，審定為喪失原有工作能力，且不合第三款之殘廢給付標準者，雇主得一次給付四十個月之平均工資後，免除此項工資補償責任；

（三）勞工經治療終止後，經指定之醫院診斷，審定其身體遺存殘廢者，雇主應按其平均工資及其殘廢程度，一次給予殘廢補償。殘廢補償標準，依勞工保險條例有關之規定；

（四）勞工遭遇職業傷害或罹患職業病而死亡時，雇主除給與五個月平均工資之喪葬費外，並應一次給與其遺屬四十個月平均工資之死亡補償[9]。

七、士氣危機

士氣（Morale）指的是對工作滿足的一般感覺，它是由情緒、態度及意見等綜合混合而成[10]。士氣可以增加企業員工忍受挫折的能力，也可以

---

[9] 其遺屬受領死亡補償之順位如下：(1)配偶及子女；(2)父母；(3)祖父母；(4)孫子女；(5)兄弟、姊妹。

[10] A. J. DuBrin，錢玉芬譯，頁 101。

使各級主管意志集中、力量集中。若企業缺乏了士氣，對企業而言，必然是重大損失。心理學的專家麥可克蘭（D. C. McClelland）研究企業主管的成就動機，與各種企業成功指標的關聯性，結果顯示，公司的成功，有一部分必須歸功於主管高昂士氣的成就動機[11]。出現士氣危機的原因很多，有主觀的因素，也有客觀的因素，無論是哪一類危機出現，都容易造成企業墨守成規，缺乏全力以赴的衝勁，取而代之的是，只希望工作不要有太多的變化。低迷的士氣，對於企業的發展，將是重大障礙，同時也很可能忽略外在環境變化所帶來的危機。企業管理大都著重有形的客觀數據，很少將企業士氣納入通盤的考量。其實不屈不撓的主觀意志與奮鬥力，常是凝聚企業向心，對抗危機的有力工具。

八、人才流失危機

人才是企業生存的命脈，一旦另擇良木而棲，將坐大競爭者的優勢，對企業形成嚴重的打擊。合格專業員工的流失，可能是內在制度有問題，也有可能是外在其他企業的挖角，而使大批專業員工楚材晉用。內在制度固然要檢討改進，但千萬不要忽略外在的挖角，在企業競爭激烈的今天，更要格外注意。美國資料庫軟體公司甲骨文，因擔任該企業系統產品部門執行副總裁布魯姆（Gray Bloom）的離職，被挖角而轉任 Veritas 軟體公司總裁兼執行長，消息宣布後，立即造成原公司股價重挫 15%[12]。人才流失的現象，不只是出現在一般企業，政府機構負責推動國家大型科技計畫的單位，也常出現這種情形。曾經斥資 140 億元來推動國內無線通訊及寬頻

---

[11] 陳家聲，《商業心理學》，台北：東大圖書公司，2001 年 2 月，頁 142。

[12] 余慕薌，〈甲骨文悍將跳槽股價重挫 15%〉，（台北：工商時報），2000 年 11 月 19 日，版 5。

網路兩大領域結合的「電信國家型科技計畫」，適值民間業界積極往無限通訊發展，因此參與該計畫的中山科學研究院、資策會、中華電信研究所等，在民間產業求才若渴的情形下，上述這些單位所培育的人才，立即成為被挖角的對象。這種現象若是發生在企業，後續的市場競爭能力及獲利率，恐將遭受重大打擊[13]。

基本上，從新進人員進入企業始，平均所花費的媒體廣告支出，與主管面試所需耗用的人工時間成本、專業培訓成本、新進人員起初可能產生的作業錯誤成本等，這些都是企業的損失。企業損失的時間點，常出現在企業發生危機，尤其是營運績效由盈轉虧，造成企業人心浮動之際。此時企業營運困難，難保公司內部員工信心不會動搖而另謀高就，到時候相關負責的專業人才出走，儘管危機順利解決，但另一個人才危機卻緊跟著來。如果是科技研發公司，危機的殺傷力更大！尤其是以經營人才及研發人才作為主要核心競爭力的企業，因養成不易，若出現高離職率，應將之視為迫切的組織危機。若是合格員工高離職率現象出現，對於企業就會產生四種不利的效果。

（一）組織氣候氣壓低

組織中人員流動過速，難以建立合作的夥伴關係。新進人員也易受此低氣壓影響而萌生去意，造成惡性循環。

---

[13] 例如，中山科學研究院部分成員投入華碩陣營；中華電信所轉向鴻海科技；電通所分批投向廣達、聯發科與揚智，因此人才嚴重失血。這些轉入業界多為資歷豐富的專才，雖然這些單位可補充新人，但新補人員多為無經驗的新人。

（二）競爭力消長

經企業訓練與教育之優秀員工，若轉任至競爭者的陣營中，這批既熟悉原公司運作內情，又經過基礎訓練，正逐漸展現戰力的人員，對企業的短期及永續經營，皆有極不利的效果。

（三）客戶的信心危機

若與客戶或消費者對應的人員頻頻更換，將影響客戶對企業的信任程度。

（四）工作善後成本

部分離職的人員，在決定離職，卻尚未正式離開前的這段時間，已無心於原工作業務或維持業務正常運作。甚至有可能心生不滿，而蓄意破壞公司形象，離間與企業客戶間的關係。在人員正式離職後，企業必須處理客戶抱怨，收拾前任業務員所留下來的爛攤子。

九、員工被綁架危機

人才是企業經營的一項重要資產，人的死亡或喪失工作能力，都可能會危及企業經營目標的達成。尤其是負有企業重大責任的相關人員，因其所掌握的企業機密等級與所接觸的層面，若突然喪失工作能力，其結果勢將造成企業一定程度的傷害與損失。

十、法律危機

企業可能因新招募員工，而該員工恰巧從其他公司帶來營業秘密。企業若是不察，或有意的疏忽，自然可能會侵害他人之營業秘密。根據營業秘密法第二條所稱的「營業秘密」，係指方法、技術、製程、配方、程式、設計或其他可用於生產、銷售或經營之資訊；同法第十二條，因故意

或過失不法侵害他人之營業秘密者，企業應負損害賠償責任。數人共同不法侵害者，連帶負賠償責任。損害賠償請求權，自請求權人知有行為及賠償義務人時起，二年間不行使才算消滅。

　　基本上判斷營業秘密究竟誰屬，是看這項研究開發工作，是否屬於員工的職務範圍，若是，研究開發的營業秘密，原則上歸公司所有。例如，產品研發的部門，因為研發本來就是研發部門的工作內容，所以產品研發部門的員工，所開發的新產品或製作流程的改善等營業秘密，都歸公司所有。除非事先和公司有不同的規定，否則皆屬公司所有，員工不可以在新任職的公司，使用原來的營業秘密[14]。

第二節　企業人力危機解決方案

　　值此經濟大環境快速變遷之際，企業要更重視育才（人員培訓工作）、用才、留才，從內部客戶（員工）的安定就業，維護品質，才能提高外部客戶（消費者）的肯定。企業危機處理最忌頭痛醫頭、腳痛醫腳的處理方式，以及使用臨時的措施，來替代根治應有的作為。下列提出標本兼治的十二種方法，以供企業作為處理人力危機之用。

一、吸引人才

　　強調公司的遠景，並設計有誘因的薪資結構，對於吸收具市場競爭力的員工，應該較有誘因。遠景的描繪，具長程的吸引力，同時若能搭配分紅配股的薪資結構，不僅對外號召人才有吸引力，對內也能激勵員工潛

---

[14] 鐘明通，《網際網路法律入門》，台北：月旦出版公司，1999 年 2 月，頁215。

能、增進績效、改善組織目標（業務目標、財務目標、作業目標、行為目標）。畢竟員工與公司互利共榮才是長久之計。企業對於薪資結構可加強處，包括本俸、職務加給、獎金，即因特殊職務所產生的津貼（公式：薪酬＝本俸＋津貼＋獎金＋間接給付）。

二、慎選員工

員工甄選是第一關，也是最重要的一關。如果能透過面試訪談，或其他各種的方式，刪除不堪委以任何責任者。如此將對知識經濟時代的企業來說，則已建立較佳的競爭條件。在甄選時，企業絕對不能忽略的是，品德與忠誠度的標準。忠誠度表示員工認同企業所揭櫫的共同理想，能夠為企業目標奮鬥的犧牲程度。忠誠度愈強烈，支持企業的程度就愈高，外來的誘惑將相對減少。除忠誠度之外，新經濟時代企業需要的是，勇於創新的專業能力，這裡的專業能力，指的是能開啟消費者潛藏的需要。例如，在尋找行銷業務人員時，就要著重其應具備的特質，如：

（一）專業性：銷售技能，對顧客產品及產業知識；

（二）貢獻性：幫助顧客達成提升利潤，及其他重要目標的能力；

（三）代表性；對顧客利益的承諾；提供客觀建議、諮詢及協助的能力；

（四）信賴性：誠實、可依賴性、行為一致性及一般應遵循的商業道德；

（五）相容性：業務人員的互動風格與顧客特性。

企業有不同的特色，所以在晉用人才時，也有不同的人才重點要求，以配合企業部門及總體的發展。例如，統一企業在遴選時，首重操守；台塑企業則重在獨立思考、解決問題與整體規劃的能力；國泰人壽則要求存

誠務實；美商的 IBM 企業則強調必勝的決心；日商的大葉高島屋則要求服務的熱誠[15]。

三、簽訂競業禁止條款[16]

企業在員工進入的當時，就要簽訂競業禁止條款，以約束員工離職後，不得到其他經營類似業務的公司服務。基於契約自由原則，只要雙方當事人同意簽署，就有限制離職員工的法律權力。例如，在 2002 年 5 月大霸、廣達十餘位無線通訊研發人員，集體轉赴鴻海任職。這主要是因全球無線通訊市場快速成長，因而使得國內無線通訊研發人才炙手可熱。此時，大霸乃寄發存證信函給離職員工，以競業禁止條款來嚇阻離職員工[17]。競業禁止條款涉及到民法第七十一條及七十三條，以及保護營業秘密的刑法第三百十七條和營業秘密法。但因侵害高科技企業所可能獲得的巨大利益，相較於法律上的約束力，顯得相當薄弱（如洩漏業務上所知悉的工商秘密罪，根據刑法第三百十七條，處罰本刑僅一年以下有期徒刑；營業秘密法則只規範侵害的民事賠償責任）。

四、增強員工的專業能力

人才天生者少，訓練出來者多。專業技術的升級，工作效率必提高，顧客服務的品質必強化，結果消費者忠誠度必會大幅增加，自己也會以身為企業的一員感到光榮，或為他的企業團隊完成任務而感到驕傲，隨著受

---

[15] 楊淑娟，《他們在找什麼樣的人》，台北：天下雜誌出版公司，1998 年 3月，頁140～147。

[16] 鐘明通，頁 215。

[17] 林信昌，〈大霸廣達部分研發人員集體跳槽鴻海〉，台北：聯合報，2002 年5 月 16 日，版 22。

到內部與外部的肯定，這種榮譽感還會持續增強，如此可為公司創造持久的競爭優勢。這就是在職訓練無可替代的功能。

在科技變遷既快，又多元的產業競爭環境中，公司沒有進步固然是落伍，但相對於競爭對手來說，進步緩慢也是落伍，所以在職訓練與職前訓練是不可或缺的。沒有受過企業內部職前訓練的員工，是不能擔任執勤的工作，否則這段時間內，出現任何的危機，不但不能即時解決，可能還會成為危機擴大的助力。有前瞻遠見的企業，內部應該不斷辦理訓練，來提升公司整體競爭力。訓練可分兩種，第一種主要的對象是新進人員，或是換部門工作人員的職前訓練；第二種主要針對中階專技人員的在職訓練。職前訓練的重點應置於：公司整體營運的精神，個人分工應注意的部分，目前市場最新的發展，應努力的目標以及各種可能發生的危機狀況。職前訓練可依照公司規模大小與訓練經費，選擇採取企業內部自行訓練，或委託外部訓練的方式進行。

增強員工專業能力的方法，有企業內教育與企業外研修兩種，無論企業現在是採用哪一種，企業員工的再教育，以制度化為較佳[18]：

（一）企業內教育

內部訓練可以採小組訓練、咖啡時間、視訊會議、內部發行刊物、電子績效之系統等來達成目標。當然若能由公司第一線接觸顧客的市場負責人員，或資深優良員工，或部門主管來擔任，亦有其實際效果。另外有許多企業自設大學，來提升員工專業能力，也是具體可行的方法，例如，1961 年美國麥當勞成立「漢堡大學」，以培育速食業人才；1988 年日本

---

[18] 李又婷，《人力資源策略與管理》，台北：華立圖書出版股份公司，1999 年 9 月，頁331。

大榮集團設立「日本流通科學大學」，以培養流通業專業人才；台灣的聲寶公司成立「聲寶大學」、旺宏企業欲成立「旺宏大學」，以培育專門領域的人才。

（二）企業外研修

外部訓練則可由外聘講師，或派外訓練等兩種方式完成，但對於外部訓練的課程及成果，都應有所評鑑，以作為後續是否繼續任用的參考標準。企業外研修通常是在教育訓練中心，或度假中心，進行訓練。一方面可調劑身心，一方面復又能充實專業能力。在員工能力升級後，自然能應付外在不斷變遷的環境與挑戰。

提高員工的專業技術，雖然不等同於危機處理能力的增強，但實質上確有助於避免危機的發生。當產業競爭環境邊變時，公司負責人力資源管理的人員，不應只是被動的維持企業人事作業的運作，而是透過戰略規劃流程，來配合企業整體的戰略目標，主動發掘問題，並擬定因應措施與解決方案，以掌握企業未來發展方向，預先為組織創造所需的競爭力。

五、建構永續經營的組織文化

企業文化是企業的價值、信仰、習慣、儀式及習俗的綜合體。它有助於塑造企業員工，在同一環境下的行為模式。以台積電為例，該公司就試著引進新文化，希望將該公司塑造成一個社群，不要只把公司當作職場[19]。美國學者傅高義（Vogel）也指出，日本文化中所強調的「團體精神」、「忠誠意識」，是企業成功的關鍵因素。事實上，企業的經營模式，若無法與時俱進，而且又沒有創造一種可長可久的企業文化，那麼在

---

[19] 丁萬鳴，〈新經濟時代人才最重要〉，中國時報，2000 年 11 月 29 日，版三。

企業達到高峰時，也就開始走下坡。組織文化的異同，正說明其員工工作態度與工作價值觀。此種態度與價值觀，無疑將影響企業績效[20]。所以企業經營者應該交由專業經理人或人資主管有計畫、有步驟的建構，支持企業發展所需的價值理念與組織文化。

六、制度變革

若離職原因在於企業的制度面，如薪資獎金制度、出勤管理制度、休假制度、升遷制度等，則必須針對制度的問題點，修正或重新設計新制度，使其較符合企業員工的需求。

七、實施企業內證照制度

為防範人才流失的危機，企業可實施證照訓練制度，以提升每位員工能力。其做法可使每位新進人員，都受過一定時數的職前訓練，而且訓練必須有高兩階的訓練，如此不但有更前瞻的視野，也能隨時補位，以避免彼得‧杜拉克（Peter Drucker）的「彼得原理」效應出現。爾後員工每升一級，都必須通過一定的強制性訓練課程時數，並經測驗通過後，方可晉升。此一有系統的教育訓練制度，不僅增強該員工職位的能力，更可協助企業突然發生空缺的危機，譬如 2013 年，菲律賓遭受「海燕」大颱風；2011 年，日本 311 大地震、大海嘯，或同業大量挖角所造成的企業危機。

---

[20] 從事組織文化研究者對組織文化定義所持的觀點雖略有異同，但對於下列數項則似有共識：(1)組織員工行為有其共同特性與特徵；(2)組織內之行為規範具有共同價值觀；(3)工作態度趨於一致；(4)組織內之活動有其特有風格；(5)對組織榮譽感深厚；(6)對組織目標認同感深厚。丁中、楊博文、李育哲，《管理學》，台北：華立圖書股份有限公司，1996 年，頁 22～23。

八、增強企業體質

企業危機爆發，人心惶惶，沒有責任及使命感的幹部，可能就立刻離開個人工作崗位。因此公司在最需要同仁，集思廣益共度難關之際，結果有經驗的幹部，可能正急於尋找自己的第二春。故此，從危機處理的角度而論，企業在招募人才時，除注重其專業才華之外，委身於企業的榮譽心與使命感，應該也是作為考量人選的重點之一。同時，鑑於這種對企業的榮譽心與使命感，並不是一蹴可成，所以企業內的再教育並給予員工願景，以及新進人員的契約規範上，可以就這方面補強。

九、降低員工的心理障礙

少數員工可能適應不良，或最近工作業務壓力加大，而出現反常現象。為避免此情形擴散，若能先期發現，提前處理則較佳。例如，找出壓力知覺較高的員工，針對這些員工的身心症狀，諸如社交困難、焦慮、缺乏面對問題的技巧、欠缺社會支持網絡等。特別是針對高危險群，進行先期的預防輔導，加強壓力紓解、情緒管理及溝通。

十、重視與員工溝通

溝通是企業上下一心的關鍵，做法可因地制宜、因時制宜。常進行的方式有：分批和員工餐敘、解答員工疑問、接納員工意見、激發員工的價值、灌輸員工企業的核心精神，及強調公司願景。

十一、儘早發覺危機警訊

對於任何人力資源管理的危機徵兆，都要以系統性的思考，找出管理的盲點來加以克服。例如，企業內具市場競爭力的人才，若要離職，必然

有跡可循。譬如[21]：

（一）服務、措辭混亂；

（二）孤獨、避免與人交往；

（三）工作混亂、錯誤增多；

（四）怠工；

（五）常遲到早退；

（六）無故缺勤；

（七）處事變得消極；

（八）破壞企業和諧的言詞舉動等。

若發覺危機警訊，則可動之以情的道德勸說，提高誘因，設身處地為其解決困難等著手。如果真的無法挽回，也可提早因應。

十二、重視安全

在文化背景諸多不同的情況下，身處海外的國際企業主要幹部，常有遇害的事件發生，所以對於安全更應多加謹慎。其方法有：

（一）多蒐集政府和相關海外投資安全的資訊；

（二）樹立良好形象，負面上，例如避免引起當地人反感，在公共場合放言高論，或顯出一擲千金的財大氣粗氣勢，而引人覬覦，遭來橫禍；

（三）居住地點：小型廠商的宿舍，由於防禦力薄弱，企業核心決策人員（如老闆及高級幹部），最好選擇有嚴格管理的公寓租屋而住；

---

[21] 李哲邦，《危機管理》，經濟部國貿局，1990 年 3 月 20 日，頁 40。

（四）為免去工廠發薪日引來的覬覦，不妨直接由銀行代轉，以防不測；

　　（五）若有特殊顧慮，則應請保全公司協助。

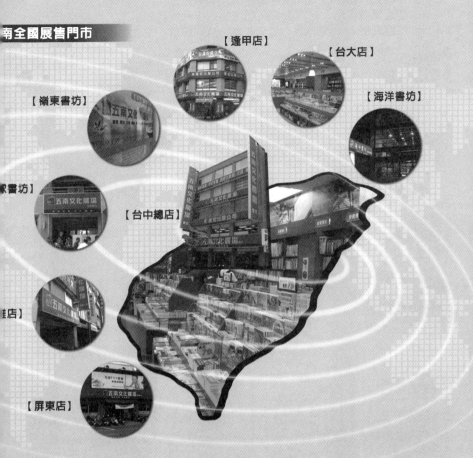

五南圖解財經商管系列

※ 最有系統的圖解財經工具書。
※ 一單元一概念,精簡扼要傳授財經必備知識。
※ 超越傳統書籍,結合實務精華理論,提升就業競爭力,與時俱進。
※ 內容完整,架構清晰,圖文並茂‧容易理解‧快速吸收。

圖解財務報表分析
／馬嘉應

圖解會計學
／趙敏希、
馬嘉應教授審定

圖解經濟學
／伍忠賢

圖解財務
／戴國

圖解行銷學
／戴國良

圖解管理學
／戴國良

圖解企業管理(MBA學)
／戴國良

圖解領導
／戴國

圖解國貿實務
／李淑茹

圖解國貿實務
／李淑茹

圖解人力資源管理
／戴國良

圖解物流管理
／張福榮

圖解策略
／戴國

圖解企劃案撰寫
／戴國良

圖解企劃案撰寫
／戴國良

圖解顧客滿意經營學
／戴國良

圖解企業危機管理
／朱延智

圖解作業
／趙元和、趙
趙敏希

圖書館出版品預行編目資料

力資源管理／朱延智著. --二版--. --臺北

: 五南, 2014.03

面；　公分.

N 978-957-11-7533-1（平裝）

人力資源管理

.3　　　　　　　　　　103002488

1FQ9

人力資源管理

作　　者 — 朱延智(36.1)

發 行 人 — 楊榮川

總 編 輯 — 王翠華

主　　編 — 張毓芬

責任編輯 — 侯家嵐

文字校對 — 許宸瑞

封面設計 — 盧盈良　侯家嵐

出 版 者 — 五南圖書出版股份有限公司

地　　址：106台北市大安區和平東路二段339號4樓

電　　話：(02)2705-5066　　傳　真：(02)2706-6100

網　　址：http://www.wunan.com.tw

電子郵件：wunan@wunan.com.tw

劃撥帳號：01068953

戶　　名：五南圖書出版股份有限公司

台中市駐區辦公室/台中市中區中山路6號

電　　話：(04)2223-0891　　傳　真：(04)2223-3549

高雄市駐區辦公室/高雄市新興區中山一路290號

電　　話：(07)2358-702　　傳　真：(07)2350-236

法律顧問　林勝安律師事務所　林勝安律師

出版日期　2007年10月初版一刷

　　　　　2008年10月初版二刷

　　　　　2014年 3 月二版一刷

定　　價　新臺幣300元